话说长江河口

长江河口科技馆内容策划与设计

夏海斌 蒋雪中 刘斐 编著

上海科技教育出版社

图书在版编目(CIP)数据

话说长江河口:长江河口科技馆内容策划与设计/夏海滨等编著.—上海:上海科技教育出版社,2017.1

ISBN 978-7-5428-6339-3

Ⅰ.①话… Ⅱ.①夏… Ⅲ.①长江—河口—研究 Ⅳ.①TV882.2

中国版本图书馆CIP数据核字(2015)第300027号

责任编辑 王克平
封面设计 贺传荣
版式设计 李美妍

话说长江河口——长江河口科技馆内容策划与设计
夏海斌 蒋雪中 刘 斐 编著

出版发行 上海世纪出版股份有限公司
上 海 科 技 教 育 出 版 社
(上海市冠生园路393号 邮政编码200235)
网　　址 www.ewen.co www.sste.com
经　　销 各地新华书店
印　　刷 上海市印刷二厂有限公司
开　　本 787×1092 1/16
印　　张 8
版　　次 2017年1月第1版
印　　次 2017年1月第1次印刷
书　　号 ISBN 978-7-5428-6339-3/N·962
定　　价 65.00元

导言

本书是以“河口”为主题的科普读物。阅读本书可以更深入地了解世界上各大河口与大城市间的伴生关系，知悉河口地区对国家和地区政治、经济、文化、社会发展的特殊重要意义。本书以长江口与上海为阐述的重点，剖析长江河口自然、科技和人文的发展历程及其与上海这座国际化大都市之间的密切关系。

随着社会文明的不断进步，上海出现了越来越多的综合类和专题类科普活动场所。这些科普场所成为带动地方科技、文化、教育事业发展的重要阵地。经过了近三年的建设，世界和中国首个以“河口”为主题的科技馆坐落于黄浦江与长江交汇处的宝山区吴淞口滨江景观带炮台湾湿地森林公园内。目前，上海许多博物馆、科技馆都存在着相关科普读物缺乏的困难，造成了人们在参观相关场馆后，对其中的各类展项所承载的知识点不能完全领会和理解等问题。而这本长江河口科普读本的印行将很大程度上弥补这一缺憾，达到展览展项与知识普及统一之目的。

河口地区是人类活动最为频繁、环境变化影响最为深远的地区，世界上许多大城市都伴生于河口地区，地处长江河口地区的上海就是其中的典型。通过本书读者可以了解河口作为一个特定的地理环境，其所具有的独特的地理现象和特征，以及这些地理现象和特征带给居住在其周边的人们的影响，从而更真切地认识河口地区生态环境的敏感性和重要性，以期树立科学的环保意识。河口地区在拥有丰富自然资源的同时，也面临着各类威胁人类生存的安全问题，如淡水安全、防汛安全等，这些都必须利用科技手段加以解决。

阅读本书，读者可以清晰地了解到上海与长江河口的关系以及上海不可替代区位优势的缘由。地处中国第一大江——长江的出海口，背靠中国经济活力最强的长三角地区，面向广阔的大洋，处于中国海岸线的中点，优良的区位使得上海具有其他地区不可替代的巨大优势，提供中国改革开放持续不断的发展动力。另外，正是由于具有重要的区位、发达的经济、富饶的资源，河口地区成为人类文明成果的聚集地。长江河口作为七省锁钥、海上门户见证了中国人民可歌可泣的抵抗外来侵略的历史，同时作为改革开放的前哨阵地，长江河口也昭示着中国立足东亚、面向全球的时代精神。

长江河口科技馆（如图）坐落于上海宝山区炮台湾湿地森林公园内，这里曾经是废弃钢渣的堆积场，宝山区人民政府出资在此兴建了这座世界上独一无二的以介绍河口自然环境、科技应用及人文景观知识为主题的科技馆。河口科技馆占地面积 6084 平方米，建筑面积 7560 平方米，主体建筑分为地下一层、地面二层，分别设有五个展厅和一个四维动感影院，并设有图文信息中心、景观咖啡厅等一流的公共服务和休闲娱乐设施。在这里，观众不仅可以学习到有关河口的自然科技与人文方面的知识，还可以以全程体验的方式，身临其境地去感受河口地区的自然与生态环境，可以选择“自驾游艇”到世界各国的河口地区去观光旅行，也可以选择用纯粹的听觉去感受来自世界各大河口地区的现场录音，甚至可以以一只在天空中自由飞翔的鸟或一条在江海湖河中穿梭的鱼的视角来感受美丽的河口。另外，观众还可以通过对河口地区相关重大科研成果与工程建设项目的了解领会河口地区对于一个国家和城市发展的重要性，并知悉长江河口地区独特的人文历史风貌。

长江河口科技馆五个展厅分别是序厅、资源环境与河口安全厅、河口科研与科技应用厅、人文与历史厅、临时展厅。开馆 2 年来累计接待市民近 27 万人次，先后获得国家 4A 级旅游景区、全国科普教育基地、全国海洋科普基地、上海市爱国主义教育基地、华东师范大学河口海岸科学综合实验基地等称号。

长江河口科技馆实景图

本书写作的顺序是以游客在导游带领下游览长江河口科技馆逐次展开的，即由长江河口科技馆的序厅为起始，依次介绍资源环境与河口安全厅、河口科研与科技应用厅、人文与历史厅……首先侧重于展项知识点的介绍，然后由若干组展项组成一个知识板块，再由若干组知识板块构成一个展厅。

长江河口科技馆是由华东师范大学设计，上海市宝山区投资建设的一座公益性场馆。其中设计部分是由华东师范大学河口海岸科学研究院及设计学院通力合作下完成的，河口科学理论部分主要是在河口海岸科学研究院丁平兴老师的指导下，由蒋雪中、吴辉、童春富等老师完成的。场馆及展览展项由魏劭农老师负责总体设计，主创设计人员包括刘斐、朱淳、马丽、李开然、夏国富、孙峰、陈澜、孙汶俊、陈兆赟等。本书能够得以完成，离不开在长江河口科技馆设计和建设过程中，众多参与者在理论梳理、方案策划、展项设计中的前期成果积累，作者在此表示感谢。

本书插图的制作参考了相关专业著作、科普读物、历史文献及网站，此外部分插图是由华东师范大学河口海岸科学研究院及设计学院制作或拍摄并提供给本书使用的。在此一并致谢！

夏海斌 蒋雪中 刘斐

2016 年 8 月

目录

第一章

什么是河口

1.1 河口遥感集锦
1.2 河口定义
1.3 河口与城市
1.4 世界上的河口
1.5 话说长江
1.6 长江河口

1.1 河口遥感集锦

步入长江河口科技馆，参观者一定会驻足于名为“七彩河口”的多媒体展示墙前。这里呈现的是世界上不同地域、不同环境和不同季节的入海河口遥感与航拍集锦。看，这是春季的莱茵河口，这是夏季的勒拿河口，这是秋季的鄂比河口，这是冬季的叶尼塞河口。大自然用水体、泥沙、植被、土壤、岩石为颜料，以难以想象的色彩搭配让这些河口风姿绰约（图 1-1 至 1-4）。

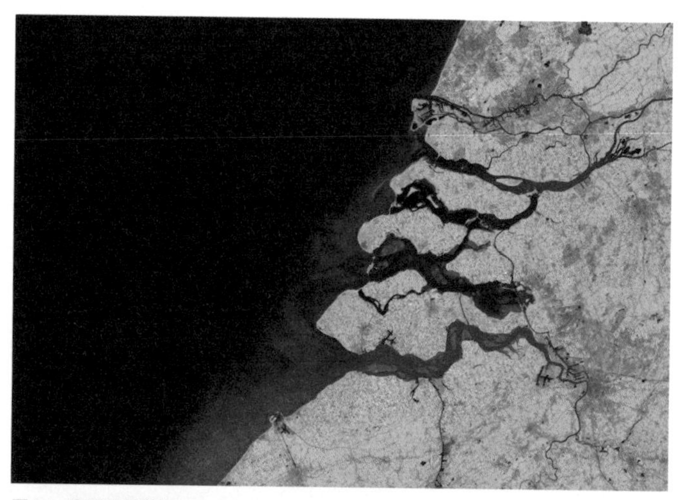

图1-1 春季的莱茵河口

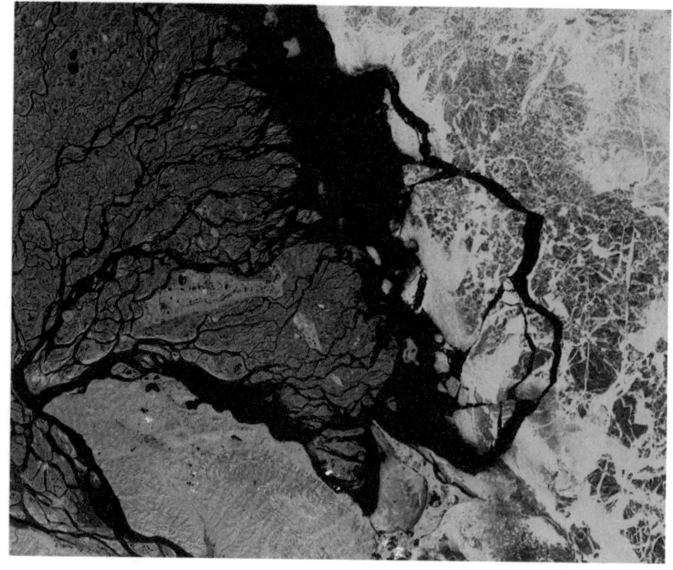

图1-2 夏季的勒拿河口

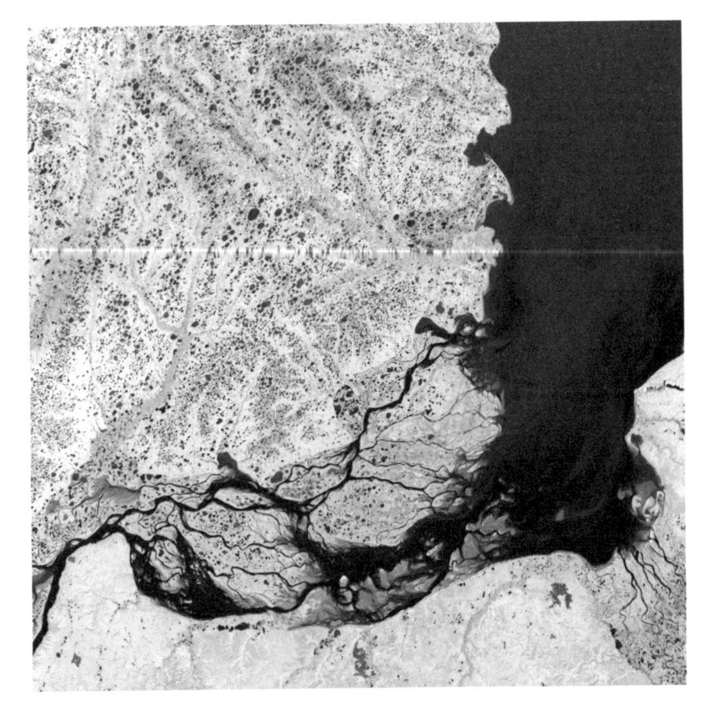

图1-3 秋季的鄂比河口

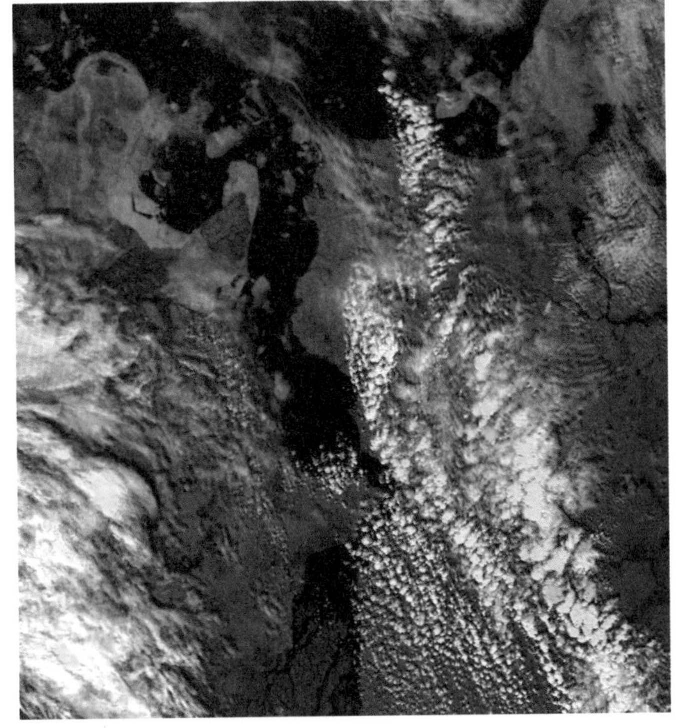

图1-4 冬季的叶尼塞河口

1.2 河口定义

“河口”这一名词或许让许多参观者感到既熟悉又陌生。河口是河流与受水体相互作用的地区。受水体有海洋、湖泊、水库、干流等多种，因而河口也分有“入海河口”、“入湖河口”、“入库河口”和“支流河口”等多种。河口“estuary”这个名词从拉丁语 aestuarium（意为潮汐）得来，原意指“入海河口”，是河流与海洋相互作用的地区。根据河流与海洋相互作用的优势程度，可将入海河口的河口区分为三段（图 1-5），即近口段、河口段和口外海滨段。近口段以河流特性为主，口外海滨以海洋特性为主，河口段的河流因素和海洋因素则强弱交替地相互作用，有独特的性质。近口段是从潮区界至潮流界之间的区段。在这段内，由于河水受潮汐的涨落影响，表现有一定潮差，河床内的水流表现是向海呈单一流向。从潮流界至口门之间的区段是河口段。在水文上这一区段具有双向水流，既有河川径流下泄，又有潮流上溯，水流受洪、枯水、大、小潮流的影响，变化复杂。由口门向外至水下三角洲前缘坡折处为口外海滨段，这里以海洋作用为主。无论从规模大小、环境特征以及人类活动哪方面来说，入海河口都是最具重要意义的。本书下文如无特殊说明，“河口”指的即是“入海河口”。

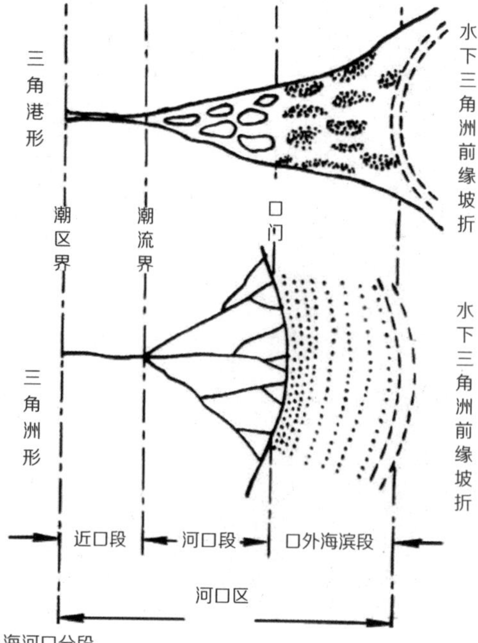

图1-5 入海河口分段

人们在惊叹于其瑰丽多姿的色彩搭配和变化万千的形态构成时，是否会想大自然如何造就这些不同种类的河口的呢？是的，大自然是一位感性的艺术家，如果说水体、泥沙、植被、岩石是其作画的颜料，那么涌动的径流、波浪、潮汐之力就是它手中的三支画笔。大自然也是一位理性的工程师，精确地计算着不同河口的潮汐强弱、咸淡水混合程度、主要动力作用、来水和来沙的混合指数。根据这些成因或其参量指标，科学家给出了对河口分类的科学定义（图 1-6）。据成因区分有：河口湾型、三角洲型、峡湾型河口；据咸淡水混合程度区分有：弱混合型、缓混合型、强混合型河口；据潮汐强弱区分有：强潮、中潮、弱潮和无潮河口；据主要动力作用区分有：径流型、潮流型和波浪型河口等。

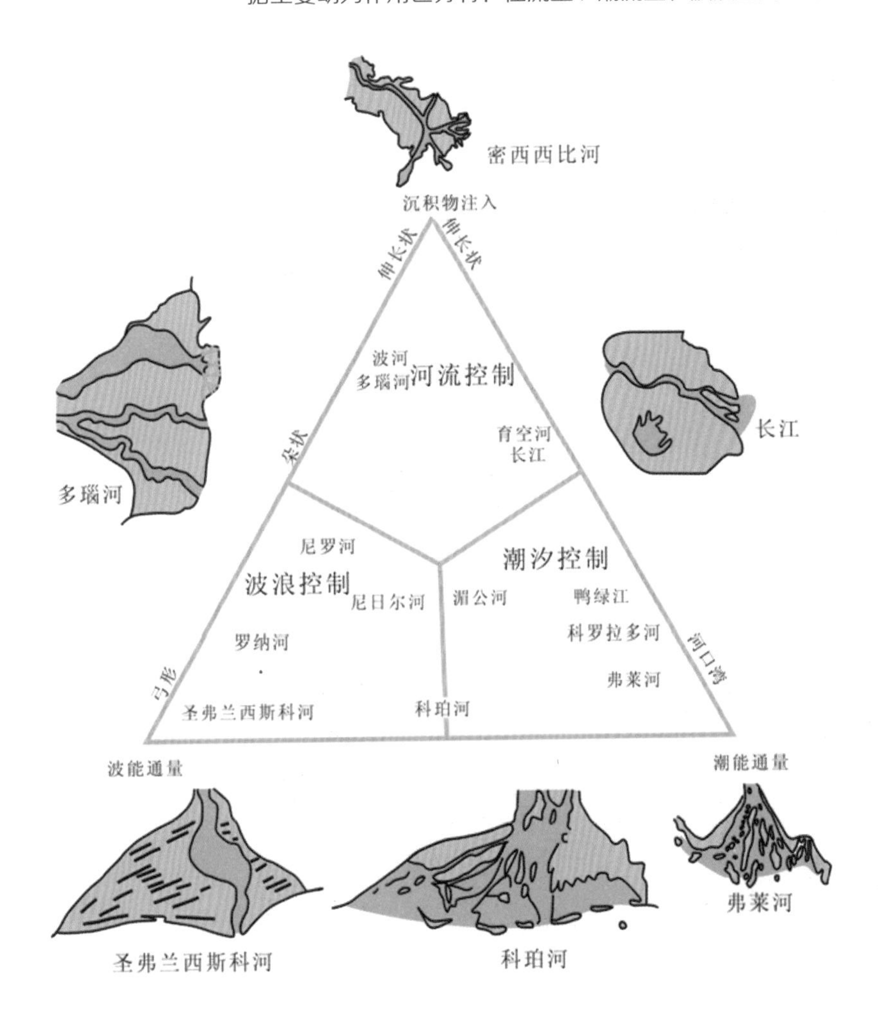

图1-6 河口分类

1.3 河口与城市

脱离了具体环境特征来谈河口分类也许显得有些许空洞，下面就让我们将这些不同的入海河口放在地球仪上，让其回归到其本来的位置。长江河口科技馆直径 3 米的大型地球仪展现了世界海陆分布、晨昏变化、河流布局，以及夜间河口地区所发出的“城市之光”（图 1-7，1-8）。

在自然上，河口是流域的汇，是河流通往大海的源；在人类社会发展的蓝图上，河口城市是资源的汇，又是发展机遇辐射的源。“城市，让生活更美好”——要追求人和自然的和谐发展，兼顾人类和自然的福祉，城市是最好的载体。河口具有极佳的地理区位，便利的交通条件、富饶的资源使之成为人类文明和社会经济发展的必然之选。世界上 60% 的人口和 2/3 的大中型城市聚集在距离海岸线 100 千米的范围内，世界各大河口城市都闪烁着区域经济中心的光芒。

图1-7 尼罗河口的城市之光

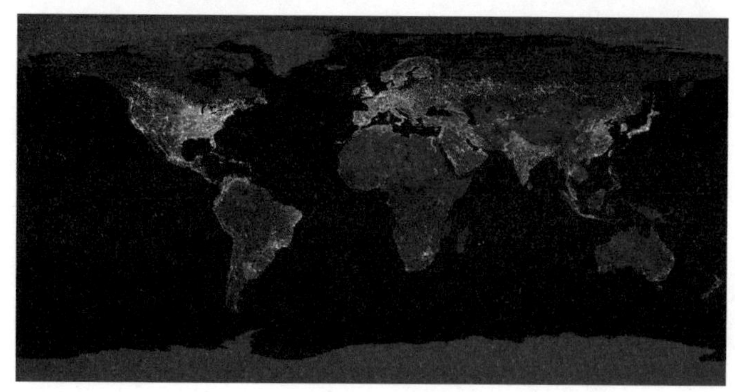

图1-8 城市之光

1.4 世界上的河口

下面让我们乘上长江河口科技馆的“河口模拟航船”，体验一下世界河口之旅。不同的区位、气候、环境、历史成就了风格迥异的河口风貌。穿梭在埃及的“生命之河”尼罗河上，吉萨金字塔、狮身人面像昭示出人类文明最早的印记。定期泛滥的尼罗河水在沙漠之中造就了一条富饶的“绿色走廊”，洪水在这里意味着希望与收获，而不是恐惧和灾难。千百万年来不知所因的古埃及人将尼罗河的定期泛滥视为太阳神“阿蒙”对他们的眷顾。

而在大西洋的另一头，有“河海”之称的亚马孙河口却真实感受到赤道雨带的力量。赤道低压带常年盛行的上升气流造就了多雨的亚马孙流域，占世界河流注入大洋总水量的 1/6 的亚马孙河水流入大西洋，形成了宽达 240 千米的亚马孙河口。航行其中，亚马孙河口的美丽神奇充盈了我们的视觉空间，远处的岸边是一望无际的原始森林，如翠绿的地毯般无限延展开去。日夜变换、斗转星移，航行在夜色中的哈德孙河口，眼前是美国最大的城市，闻名全球的大都会——纽约（图 1-9）。霓虹闪耀，鳞次栉比的高楼大厦勾勒出夜色中的纽约，彰显河口城市的非凡魅力。

告别了哈德孙河口的繁华与喧嚣，画面切换到长江口。轮船像一叶小舟荡漾在水的世界里，也不知这是江面还是海面，极目远望，隐约可见水与天相连处闪烁着繁星点点，那是陆地的灯火。在那灯光的映衬下，可见高耸的烟囱吐着白烟、巨大的塔吊张开双臂、建筑物有高有低参差不齐，是工厂？是码头？也许二者都有。终于，看见了闪烁的灯塔，那是著名的吴淞灯塔。远处一座钢桥飞架南北，点点星光像宝石般镶嵌在彩带似的上海长江大桥上，宏伟、气派，给人力量。

图1-9 哈德孙河口的纽约

1.5 话说长江

通过了“河口定义”展区，我们来到名为“长江之水天上来”的大型长江流域立体沙盘展示系统。在一面长约 8 米、高约 6 米的墙面上树立着长江流域的立体沙盘。地形起伏刻画出长江流域西高东低三大阶梯的地势，水系脉络诠释了长江不择细流故能浩荡万里的广阔胸怀（图 1-10）。而在沙盘之前的多媒体互动感应屏中则展示了长江流域重要节点的人文风采和自然印记。长江——从远古走来，从雪山走来，汇纳百川，东流入海，造就了这中国第一、世界第三的河口。

长江，中国最长之江，世界第三大河流。从青藏高原到东海，长江自西向东绵延 6380 千米，滋养了 5000 年源远流长的华夏文明。长江流域面积超过 180 万平方千米，涵盖中国三大湖泊洞庭湖、鄱阳湖和太湖。约 1/3 的中国人口居住于此，贡献 2/5 的 GDP 于蓬勃发展的中国经济。

君住江之源，我住江之尾。长江的源头究竟在哪里呢？为了一探大江之源，中国人在万里长江沿线，努力探寻了 2000 多年。1978 年 1 月 13 日，中国向全世界宣布：长江源头在唐古拉山脉主峰格拉丹冬冰峰西南侧的姜根迪如冰川，格拉丹冬海拔 6620 米，姜根迪如冰川海拔 6548 米（图 1-11）。走出了格拉丹冬，沱沱河就像个孩子，在大地母亲的胸膛上，尽情地放纵身躯，交错出地貌学上所说的“辫状水系”（图 1-12）。在它身边，有两条河流南北相伴。沱沱河、当曲河、楚玛尔河，共同构成了长江最初的源流。沱沱河、当曲河、楚玛尔河三水合一，奔向了通天河，从这里开始百转千回，有了一个响亮的名字——长江。

图1-10　长江流域水系简图

图1-11 格拉丹冬雪山旁的长江源

图1-12 长江源的辫状水系

巴塘河口，扎曲河、通天河的交汇处，这就是定义中的“支流河口”。它是通天河和金沙江的分界线。巴塘河口以下，长江进入了横断山脉地区，长江的河道也结束了在旷野中的恣意穿行，开始了在高山深峡中的破冰之旅。沿着横断山脉，怒江、澜沧江和金沙江三条大江由西北向东南平行流淌1000多千米。三条大江最短的直线距离只有19千米，形成了“江水井流而不交汇”的奇特自然景观，这就是列入世界自然遗产名录的“三江井流”地区（图1-13，1-14）。但是个性倔犟的金沙江到了云南石鼓镇，突然与澜沧江、怒江分道扬镳，向东流去，这就是万里长江第一湾（图1-15）。在冲出了虎跳峡两岸陡峭山脉的阻挡后，长江终于突破了东流入海的第一道关口。

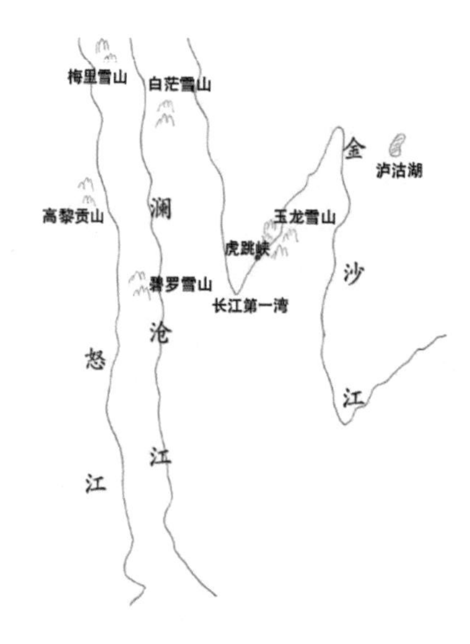

图1-13 三江井流示意图

图1-14 三江井流实景（由左及右分别是怒江、澜沧江、金沙江）

图1-15 长江第一湾

离开石鼓镇300多千米后，金沙江进入了四川省境内。四川，因岷江、沱江、嘉陵江、乌江四条大江而得名，它们都是长江的支流。事实上，在四川境内包括它们在内长江有10多条支流，几乎每条支流与长江交汇的河口地区都形成了城市——攀枝花、宜宾、泸州、重庆（图1-16）、涪陵。也许这就是文明与河口关系的生动写照。

图1-16 长江与嘉陵江交汇处的重庆朝天门码头

提起四川就让人想到“天府之国”，这就不得不说由李冰父子建造的都江堰工程。都江堰工程由鱼嘴、飞沙堰溢洪道、宝瓶口引水口三部分组成。鱼嘴分水堤将岷江一分为二，外江是正流，用来排泄洪水，内江引水灌溉。正常情况下，内江进水 60%，遇到洪水到来的时候，这个比例颠倒过来。飞沙堰溢洪道是排泄洪水、泥沙和调节水量的。旱季，它将岷江水拦住，流入内江；大雨季节，它又让内江容纳不了的水溢出，自动流入外江。宝瓶引水口是内江的咽喉，都江堰的水都是通过这个口子流向各条灌渠，灌溉着百万亩良田。具有二千二百多年历史的都江堰，即使以今天的眼光也不能不承认其高度的科学性（图 1-17）。

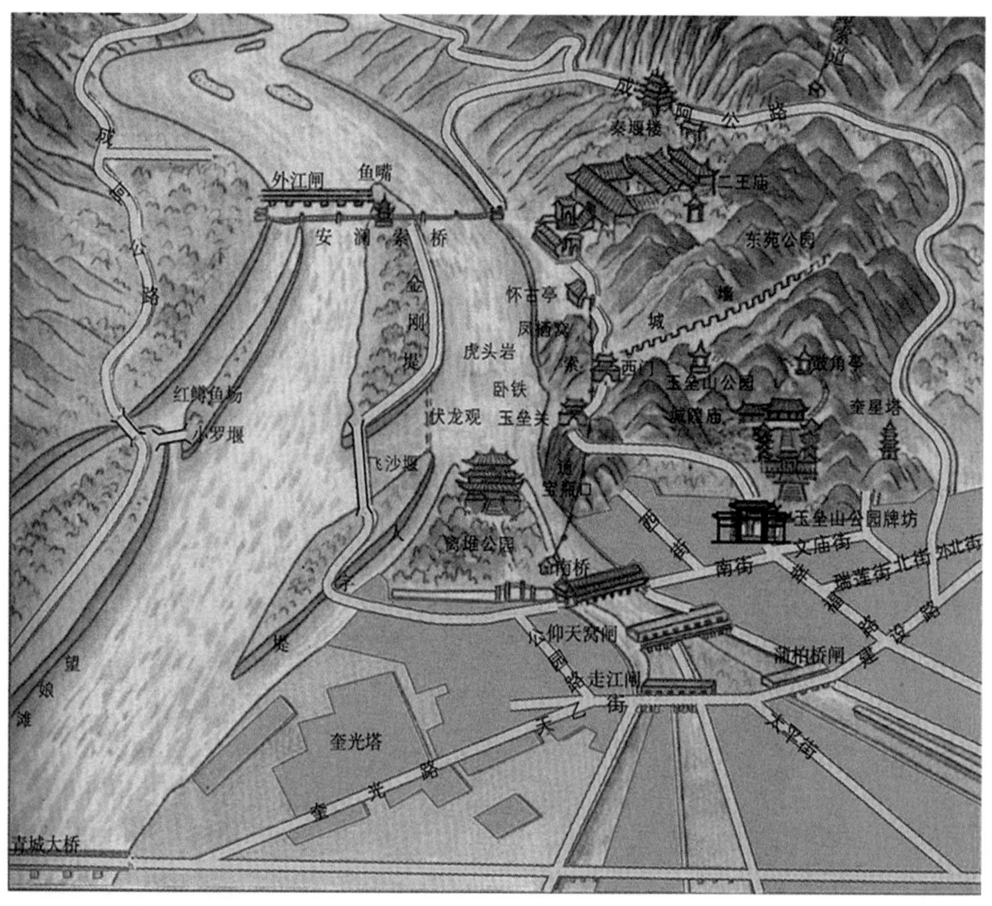

图1-17 都江堰水利枢纽示意图

长江一路东行进入夔门，再次进入了峡谷地形，这就是长江最壮丽的景观——“长江三峡”（图1-18）。提起三峡，大家一定会想起毛泽东在《水调歌头·游泳》中的描绘：“更立西江石壁，截断巫山云雨，高峡出平湖。”三四千万年以前发生了喜马拉雅造山运动，在这场不可思议的地球革命中所形成的三峡，造就了完整而崭新的长江，同时也赋予即将诞生于此的民族内在的力量。这种力量经过千万年的蕴涵积累，终于在20世纪集中迸发。当代大禹利用三峡得天独厚的地理与区位优势，将人类的智慧和大自然的神奇融合在一起，奇迹般地造就了“三峡枢纽工程”（图1-19），迈向了长江治理开发的新境界，开启了长江造福于中华民族的新航程。肆意的洪魔进一步得到有效控制；滚滚的江水展现千帆竞发、百舸争流的壮丽画卷；雄伟的三峡大坝与俊秀的神女风采珠联璧合、相得益彰。

过了三峡，我们再也看不到激流险滩、绝壁峡谷，呈现在眼前的是“楚地阔无边，苍茫万顷连”。这里的长江被称为荆江。荆江两岸，一边是“八百里”洞庭湖区，一边是辽阔的汉江平原。土地肥沃、湖泊众多、物产丰富。洞庭湖南接湘江、资水，西纳沅江、澧水，形成了典型的“入湖河口”。

图1-18 长江三峡实景

图1-19 三峡水利枢纽三维效果图

告别了洞庭，掠过了洪湖，继续流向东北，长江来到了武汉（图1-20）。发源于秦岭南麓的汉江在这里与长江汇合，将武汉分割成三个部分：汉口、汉阳、武昌。又一个“支流河口”，又一个“河口城市”。20世纪50年代修建的武汉长江大桥将三镇联成一体，从此“一桥飞架南北，天堑变通途”。

图1-20 汉江与长江交汇处的武汉

长江和汉江交汇的地带形成了三万多平方千米的汉江平原，它与南岸的洞庭湖平原合称为“两湖平原”。两湖平原和鄱阳湖平原相邻，后者的中心就是中国最大的淡水湖——鄱阳湖。鄱阳湖和长江在江西九江的湖口交汇。

长江从九江湖口开始就进入了下游。经过了虎踞龙盘的南京，来到了长江最大的冲击平原——长江三角洲。长江每年携带超过5亿吨的泥沙到达这里，成就了长江流域最年轻的陆地。6000余年的沧桑变化，曾经的入海口镇江已经变成了长江三角洲最西面的城市，在其最东面则是中国第一大城市——上海。它是长江口最新诞生的一片缓缓伸向大海的土地，它是长江东流入海前留给人们最后的礼物（图1-21）。

图1-21 长江河口

1.6 长江河口

长江口，长江与东海交汇之点，人与自然守望之地。淡水和盐水、陆地和海洋、城市与野趣、人与自然、发展和保护，所有的奇妙和精彩、复杂和玄机，都汇聚于此。整个流域的环境流、泥沙承载及来自海洋的潮汐影响共同呵护着长江口生生不息地成长。

看过了壮美的长江，我们来到了序厅中展现“长江河口”的区域。展区由“长江口电子沙盘”、“美丽河口”及“河口海景”三个展项在空间上有机组合而成。在这里，观众能够了解长江口三级分叉、四口入海的格局；在这里，河口四季的绚烂变化呈现在人们的眼前；在这里，河海相连的河口海景更让人体味到一种“孤帆远影碧空尽，惟见长江天际流”的纵深感。那么就让我们开始了解这“极目皆水，水外惟天”的长江口吧！

长江河口的范围是自安徽大通站至水下三角洲前缘共约 700 千米长的区域。按照“河口定义”中对河口分段方法，长江河口区自安徽大通至江苏江阴为近口段，自江阴至口门为河口段，自口门至水下三角洲前缘（约东经 123° ）为口外海滨（图 1-22）。

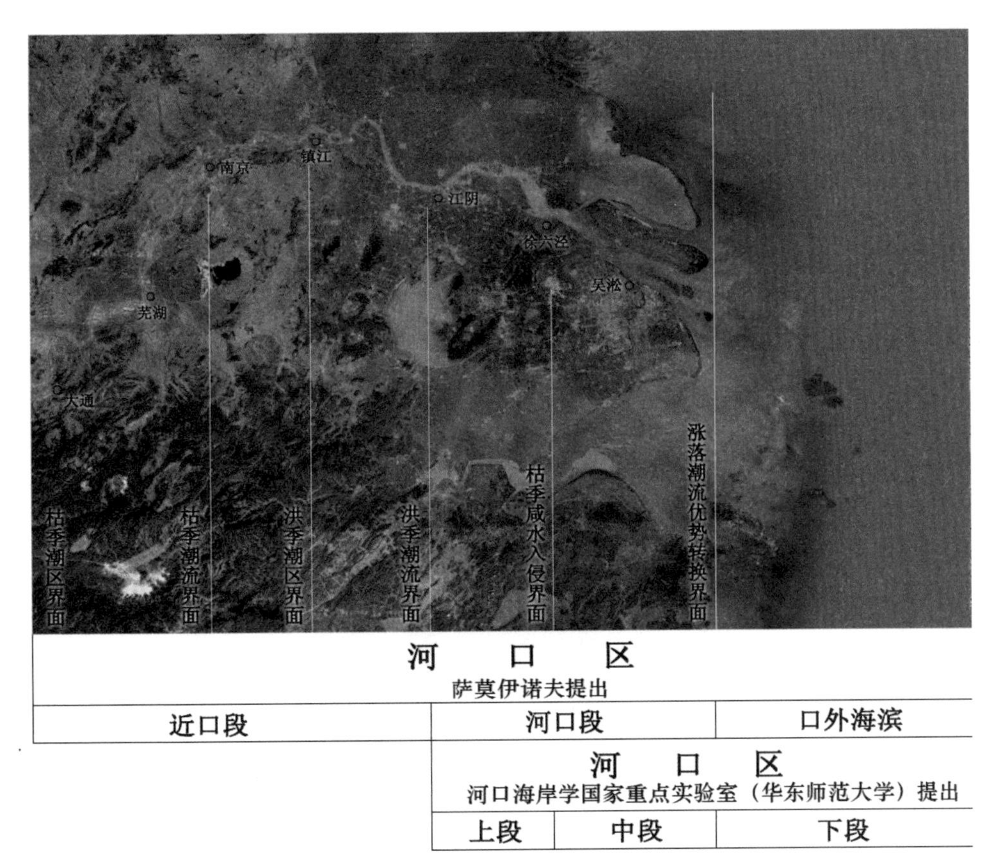

图1-22 长江河口分段

站在“长江口电子沙盘”上，一个“分叉型河口”展现在人们面前：长江在徐六泾以下被崇明岛分为南北支；南支在浏河口以下被长兴岛、横沙岛分为南北港；南港至横沙以下又被九段沙分成南、北槽，从而使长江口以“三级分汊、四口入海”的形式注入东海（图 1-24）。你看就在这 70 千米宽、170 多千米长的长江口，口里有岛、岛外有支、支里有港、港里有槽，暗的是沙群，明的是群岛，在那水底下，还不知有多少的串沟和汊道呢。正因为如此，长江口的航道和水流情形十分复杂。另外长江口江流浩荡，河床比降甚小，加之受海潮顶托影响，水流的速度大大地降了下来。江水和海潮、淡水与咸水之间相互推来推去，就在这旷日持久的“拉锯战”的地段沉淀下来。泥沙日积月累，终于在长江口辽阔的水域里形成了一片片滩涂，一座座岛屿暗沙（图 1-23）。正是这从古至今沉淀堆积形成的滩涂，才使得上海这块土地从大海里冒了出来。也由于浅滩暗沙横隔河口，如一道门槛一般阻挡在长江口，从而形成了拦门沙。就是这道“拦门沙”如骨鲠在喉，大船无法通过，锁住了长江通向大海的顺畅航道。“治理长江口，打通拦门沙”，中国人的百年梦想终于在 21 世纪得以实现。看，就在横沙、九段沙的南港北槽之间，一条水深 12.5 米的深水航道突破拦门沙，一艘艘巨轮穿过深水航道驶向浩瀚的东海，消失在远处的地平线上。

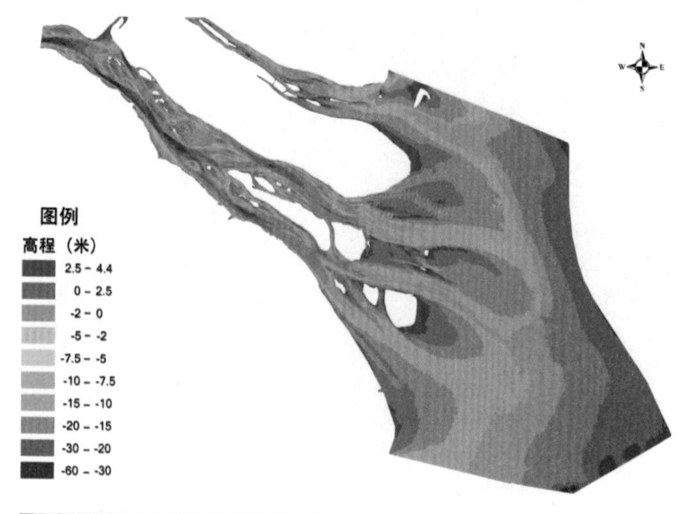

图1-23 长江口水下地形（2002年数据）

高程(elevation)：指的是某点沿铅垂线方向到绝对基面的距离，称绝对高程，简称高程。

当我们还在感慨长江口的波澜壮阔时，耳畔远方候鸟的啼鸣已将我们引入“美丽河口”的画境。陆地、海洋、河流在这里交汇，日月变换、潮涨潮落。远处水蓝色的天空点缀着几抹淡云，天空并不寂寞，群鸟毕集，自由翱翔，装扮这片广袤的天地。“孟春之月鸿雁北，孟秋之月鸿雁来”，追风至海的候鸟来此完成生命中重要的迁徙。再过来是一大片望不到边际的金黄色芦苇在风中飘曳。从远方迁来的候鸟就在这湿地芦苇之中栖息。夕阳西下，铺天盖地的候鸟演绎着“倦鸟归巢”的壮美画面（图 1-25）。

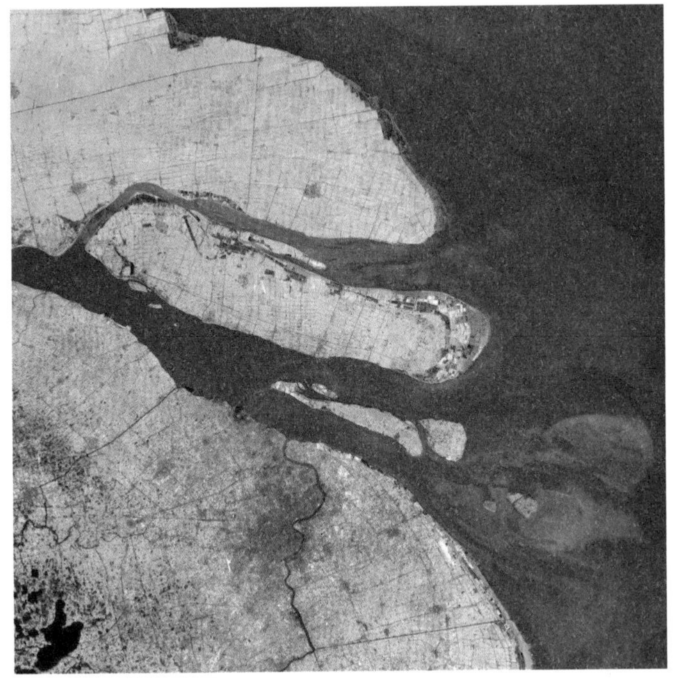

图1-24 长江河口遥感图

图1-25 美丽的长江口

第二章

长江口生态环境

2.1 沧海桑田
2.2 围垦造田
2.3 河口湿地
2.4 迁徙驿站
2.5 河口小生灵
2.6 水族世界
2.7 河口渔场

2.1 沧海桑田

如果说长江河口科技馆序厅的环境布置如长江口那般具有开阔宏伟的气势，那么转入资源环境与河口安全厅后，其片片芦苇丛、条条步栈道所营造出来的则是一派充满自然生态气息的长江口湿地环境，所有的展项就点缀在河口湿地环境之中。踏上步栈道，可以看到橱窗内所介绍的长江口沧桑变化的自然演变及人们通过现代围垦造田工程向海要地的壮举。鸟瞰整个长江口，高耸的楼宇是城市高速发展的标志；百舸竞渡是对长江口黄金水道的诠释；片片湿地是对上海滩的原始记忆；鱼跃鸢飞是河口丰饶物产的最好注脚。

时间回溯到数千年前，“白浪茫茫与海连，平沙浩浩四无边。朝来暮去淘不住，遂令东海变沧田。”这首白居易的《浪淘沙》生动地诠释了长江口变迁历程。六七千年前，上海所在的长江口还是茫茫大海，数千年间，长江水带来的泥沙不断堆积，在河口附近形成沙洲和沙坝，在两岸形成沙嘴。河口沙洲的出现，使河道分汊，受地转偏向力的影响，长江口主流向右偏移，使河口的南汊道刷深、拓宽，北汊道则淤浅，束窄。当南汊道成为长江径流主要通道后，新的沙洲、沙坝发育，使河道再次分汊，继续向东南偏移，河口三角洲便不断向海延伸。现在，历史仍在长江与大海的交合中衍生（图2-1）。

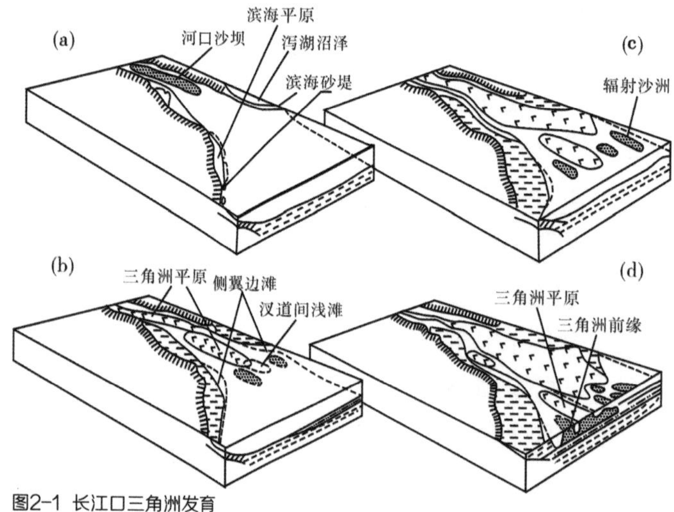

图2-1 长江口三角洲发育

a：长江口水道被河口沙坝分为南北两支
b：在地转偏向力长期作用下，河道右偏，使北支水道不断淤塞
c：长江北岸三角洲、沼泽地及边滩连成一片
d：发育了广阔的三角洲

距今约 6000 至 5000 年，长江口在镇江、扬州以下呈喇叭状，口外一片汪洋，以后在波浪作用下，逐渐堆积了江北的古沙嘴和江南的古沙堤，形成三角湾。

2500 至 2000 年前的长江河口范围北至白浦一廖角嘴，现在的南通城也在大海之中，称为“狼山海”，岸外有两个大沙洲，称为东布沙和南布沙。南岸是沙坝冈身，海边滩涂湿地青草郁郁，潮水涌东，鱼儿洄游，鸟儿欢唱。南通、嘉定、启东、海门等都还是一片汪洋，狼山是河口内的小岛，河口湾的镇江、扬州一带，依稀听见广陵潮声；随着长江滔滔江水东流，河口沙洲此长彼消。这时海岸的位置还在冈身以东不远，岸线推进的速度很慢。随着人类大力开发长江流域后，三角洲海岸的伸展速度才迅速加快起来。这种开发，盛于隋唐。

唐时崇明岛的前身姚刘沙上开始有人类登岛生活，周边还有东沙、西沙；嘉定、松江逐渐形成集镇，上海地区始设华亭县，人群聚集，逐渐繁华起来，现在的杭州湾王盘山是观海的好去处。

宋时设嘉定县，南岸不断往东推展，南汇也成了一个小渔村，崇明沙洲几经迁移。

元明时期设上海县，松江、嘉定已是商贾云集的海边府镇，崇明岛上设县置，统辖众多沙洲。崇明治所五迁六建，姚刘沙、三沙、平洋沙、长沙得以固定下来，夕阳下站在岛上可远眺狼山。这时上海地方已经是一个挺热闹的集镇，区内河网密布，吴淞江则是太湖通长江入海的主要水道。

清早期，南岸线推进到川沙、南汇、奉贤、柘林以外，王盘山成为孤岛，崇明主岛北边的众多小沙洲不断并岸，河口北侧的岸线已经推进到启东、海门一线。长江南港间横沙以上相继冒出圆圆沙、鸭窝沙、石头沙和崇宝沙等江心洲，经人工围垦筑坝，连成长兴岛。

1842 年上海开埠，城市日益繁华，车水马龙，人声鼎沸。19 世纪 60 年代中期长江发生多次大洪水，将崇明南侧的成片沙洲冲开，北港水道形成，早期长兴岛沙洲独立成体。1954 年长江发特大洪水，将长兴和横沙南侧的沙洲冲开，沙体独立成为九段沙洲，形成长江口最年轻的沙洲，北槽水道形成，从此时起长江口显示出三级分汊、四口入海的格局。

综观长江口海岸线的历史变迁（图 2-2），我们不难发现：长江三角洲海岸线随着时间的流逝而向大海推移，随着人类活动能力的提高，其推移的速度越来越快；长江三角洲海岸线的形成无一例外都是河口坝洲与北岸合拢而成，长江入海口在水动力学及三角洲地质的影响下均在向南漂移，现今被崇明岛划分的北支河槽渐渐丧失泄潮功能，日益淤浅，趋于衰亡。可以预见，如今的中国第三大岛崇明岛终将与历史上的镇江的“瓜洲”“泊洲”一样，被北岸大陆所吞没，现今的崇明岛偏南的长兴、横沙等年轻小岛也将随之取代成为新的河口沙坝，这就不难理解隋唐之初的扬州为何具有陪都的地位，也不难理解世界上罕见的从南京到上海的长江入海口南岸城市群的分布却是从西北向东南依次排列的。

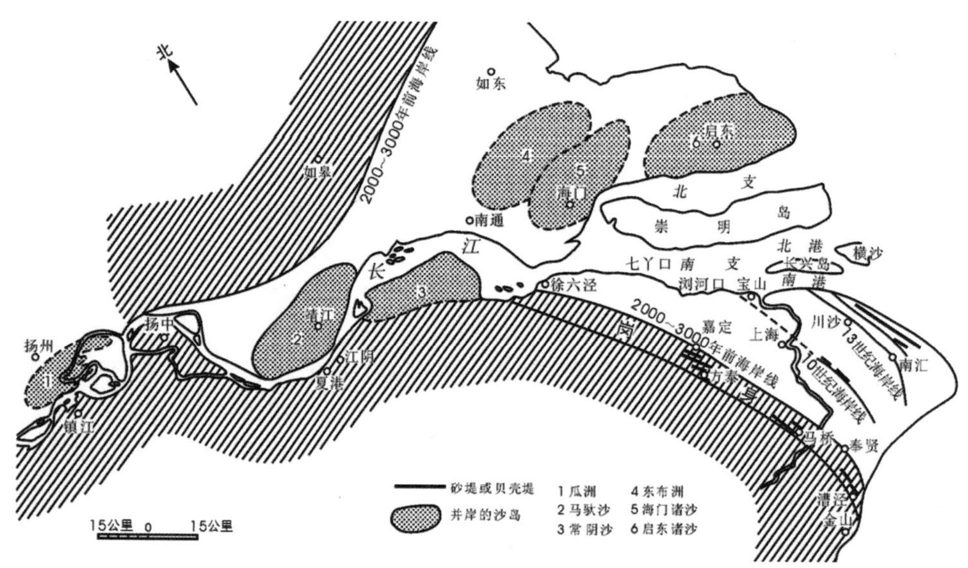

图2-2 长江口海岸线变迁示意图

图2-3 未来的长江口鸟瞰

2.2 围垦造田

如今自然成陆的缓慢速度远远不能满足经济社会的高速发展的需要。围海造田，向海要地成了许多河口城市的首选。上海的发展史某种程度上就是一部不断围垦的历史，1949 年以后，上海已经陆续围垦滩涂 936 平方千米，使上海的土地面积扩大了 16%。这其中最著名的就是崇明岛的围垦。在崇明岛，纵横交错的围垦堤坝四处可见。新中国成立以来，崇明岛进行了数十次的围垦，围垦的土地面积超过 50 平方千米，接近崇明岛目前土地面积的一半，为上海提供了重要的后备土地资源（图 2-4）。

图2-4 围垦造地后的东滩团结沙地区，已成为上海市万亩粮食基地

除了崇明岛的围垦，上海的许多重大工程也依托于围垦造地。随着浦东开发，外高桥新港区工程在长江口南岸滩涂破土动工，占据了数公里长的长江口滩涂。以亚太地区航空枢纽为目标的浦东国际机场就建设于长江口滩涂上。为了配套建设洋山深水港的后方基地，长江口南嘴的南汇芦潮港滩涂进行了大规模促淤工程，使得一座海港新城在滩涂崛起（图 2–5）。目前还有一些建设在滩涂上的重大工程正在策划之中。

围垦造田为上海经济的快速发展做出了巨大贡献。但是无节制地利用河口滩涂湿地资源也为河口的健康和安全造成了巨大的隐患。湿地与森林、海洋并称为全球三大生态系统，享有“地球之肾”、“生命的摇篮”、“文明的发祥地”之美誉。湿地只占全球 4%–5% 的表面积，但提供了全球 50% 以上的生态服务价值。滩涂湿地围垦对生态环境的影响是多方面的，有些损失是不可逆转的。滩涂被围垦后，除了原有的湿地功能全部丧失外，围垦区内的生物资源被填埋而消失殆尽，依靠湿地为生的水鸟等生物也失去栖息生存条件。在港湾内进行围垦会减少纳潮量，造成潮汐通道淤积，水动力弱化，输沙与沉积条件改变，破坏了自然演变的规律，从而导致一系列的负面效应。建坝围垦使原来复杂曲折的岸线变得单调平直，减少了岸线，降低了陆地与水域接触的机会。

因此如何协调好滩涂围垦与湿地保护之间的矛盾，遏制过度围垦趋势，科学合理地实施促淤工程，建立合理的生态补偿机制，努力使滩涂围垦与滩涂淤涨相协调就成为保障地区可持续发展的前提。接着，就让我们带着这些问题来认识一下我们的长江口湿地滩涂。

图2–5 滩涂上崛起的临港新城

2.3 河口湿地

回溯千年，感悟上海之滨的沧桑巨变；鸟瞰万里，尽收长江河口的浩瀚宽阔。这片江、海、陆的交界处，有着地球上生产力最高的生态系统，是最敏感和最重要的生物栖息地之一。湿地、鸟类、鱼类、底栖动物、藻类相依相存，诠释出生物多样性的丰富。我们从长江河口科技馆的“河口湿地”展项开始河口生态资源之旅。

上海是个名副其实的湿地城市，湿地总面积 319714 公顷，占上海市面积的 22.5%。上海湿地类型多样，包括近海及海岸湿地 305421 公顷，河流湿地 7191 公顷，湖泊湿地 6803 公顷。其中，重点湿地有崇明东滩、长江口南支南岸南汇边滩、九段沙、横沙东滩等（图 2-6）。

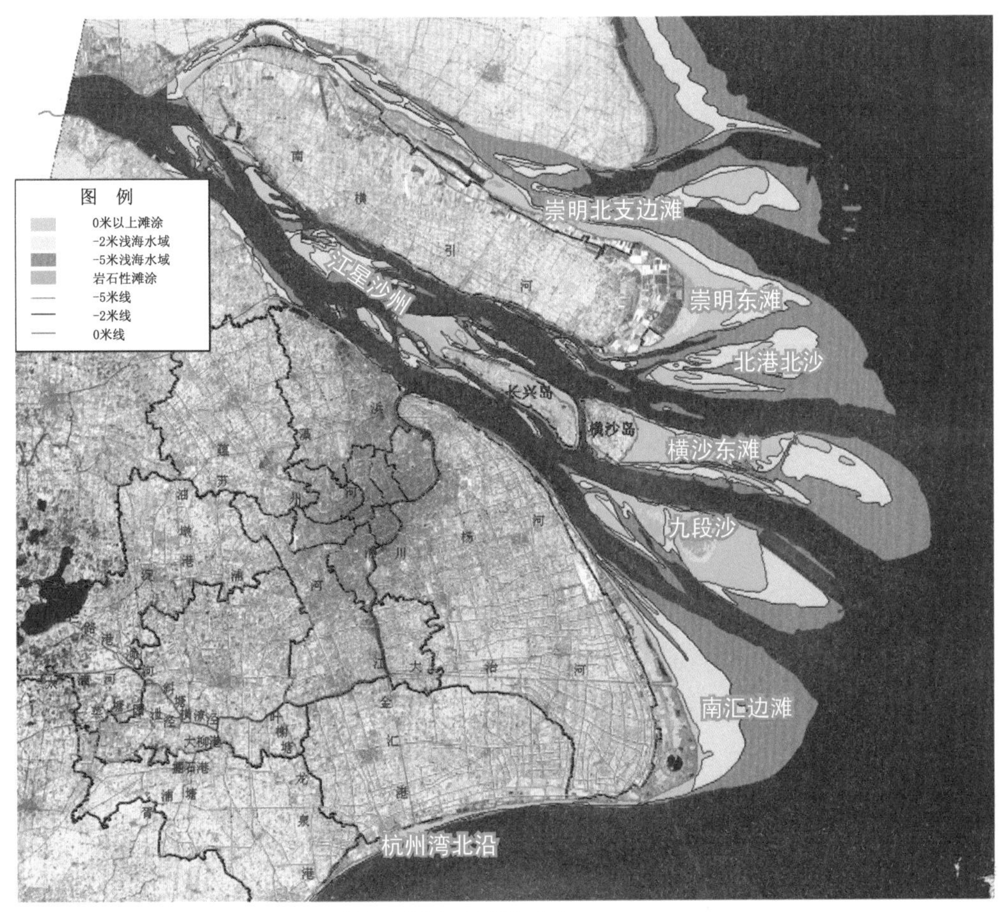

图2-6 长江口主要湿地分布

如果你行走在长江口边，凭海临风，一幅恢宏的画卷将展现在你面前：一眼望不到边的湿地，或光秃如沙漠，或芦苇、藨草丛生，一片片植被交错成一条条槽沟，水面在阳光照射下泛起粼粼波光。或大或小、或黑或白的候鸟在嬉戏觅食，有时呼啦啦一片，从水面起飞，冲向天空。远处茫茫大海，海浪拍岸，涛声如雷，加上时而驶过的轮船，构成了一幅如梦如幻的海边画卷——这就是长江口湿地（图 2-7，2-8）。

图2-7 春季的九段沙湿地

图2-8 冬日的长江口滩涂

说到湿地，一句形象的话是这么说的：有水不能行舟，有路不能跋涉。《国际湿地公约》将湿地定义为不问其为天然或人工、常久或暂时性的沼泽地、湿原、泥炭地或水域地带，带有或静止或流动、或为淡水、半咸水或咸水水体，包括低潮时水深不超过6米的水域。其实湿地的类型有多种，如沼泽湿地、湖泊湿地、河流湿地，人工湿地，而这里我们介绍的河口湿地一般是指河口滨海湿地，通常按潮汐影响和出露特征可以分为潮上带、潮间带和潮下带。潮上带位于平均高潮位以上，由于高程较高，受潮水作用较弱，植物以芦苇为主。但是由于人为地围垦，该区域主要位于围堤以内。由于围堤的建设，改变了原来的环境条件，特别是隔离了潮汐的影响，生境逐渐陆化，原来的水生或湿生植被，如芦苇、海三棱藨草群落，逐渐被旱生盐碱植被替代。而由于降水淋溶等因素的影响，围堤内土壤盐度会逐渐下降，旱生盐碱植被会逐渐被中生性草本植被所替代。

潮间带位于平均大潮低潮位和平均大潮高潮位之间，是滩涂的主体，自然植被伴随着高程变化而发生。在最前缘的光滩区域，分布有盐渍藻类。随着泥沙的堆积，高程的增加，海三棱藨草开始出现。海三棱藨草的生长，会减缓水流、捕获大量的泥沙，使高程进一步增加。当高程达到一定程度，芦苇开始侵人，并逐渐取代海三棱藨草。人工引种的互花米草，其分布高程的下界介于芦苇和海三棱藨草之间，常出现互花米草替代海三棱藨草，而与芦苇混生的情况。在植被的交错带或者植被扩散的前缘，常有植被斑块分布。这样沿着滩涂高程从低到高的梯度，滩涂植物群落呈现出从光滩——海三棱藨草——芦苇群落的有规律的演替。潮下带位于平均大潮低潮位和理论最低潮位之间。该区域水流强度大，通常情况下常年淹没在水下，是鱼类及各种水生生物的重要栖息地（图2-9，2-10）。

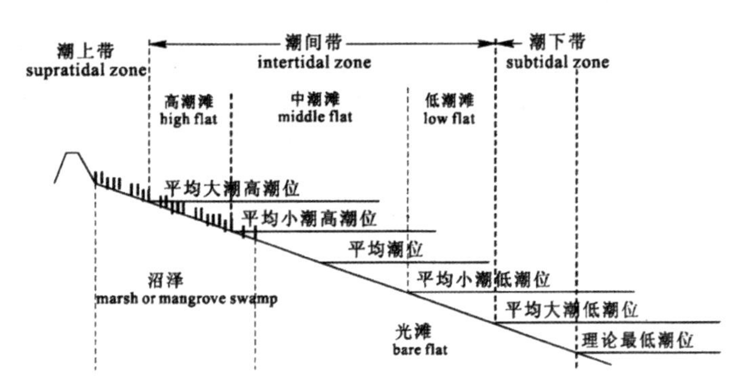

图2-9 人海河口的分带

丰富的河口湿地系统从水资源、缓冲带等各个角度保障着河口的生态安全。河口湿地的植物可以净化水体，还具有固定二氧化碳、净化空气的作用，营造低碳城市生态环境。河口湿地丰富的初级生产力又使它养育了各种类型的生物，成为很多物种的索饵场、越冬地。河口湿地在盐度、营养物、温度等方面的特殊性，还使它成为重要珍稀物种产卵场和繁殖地。河口湿地还是海岸重要的天然缓冲区域，能在涨潮、风暴等特殊天气条件下保护岸堤，缓冲极端气候带来的影响。河口湿地独具特色的生态景观，也是开展生态观光与旅游、宣教与科研的基地。

这就是我们美丽的长江河口湿地——她以弹丸之地养育着城市 70%-90% 的野生动植物种群，为南来北往的数百种近百万只次“国际游客”——候鸟提供着重要的中转驿站和越冬地，为多种水生生物的洄游提供了重要的通道。

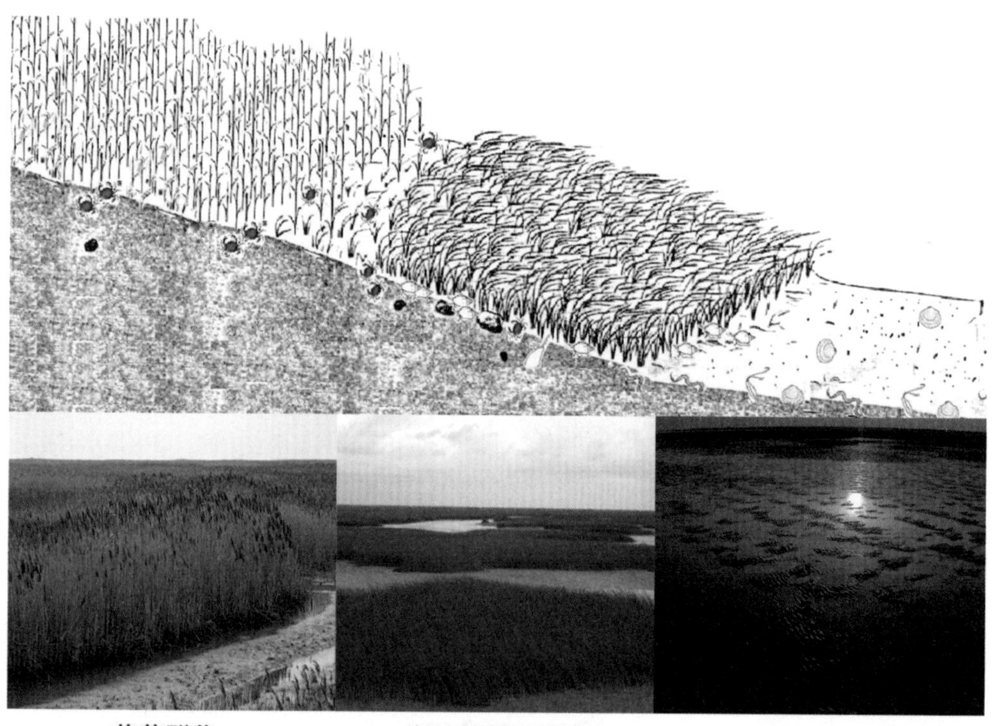

图2-10 长江口湿地植物群落自然演替的基本模式：
演替初期的光滩裸地->海三棱藨草群落->芦苇群落

2.4 迁徙驿站

当我们还穿梭在展厅的芦苇丛中时，想象着自己就在长江口湿地间，一边是一望无垠的芦苇滩涂，一边是波涛汹涌的茫茫大海，突然，一行白鹭从芦苇荡里惊起，掠过湛蓝的天际……不经意间我们被阵阵清脆的鸟鸣声所吸引，原来步栈道的上空盘旋着几只飞鸟，如同天空中美丽的漂泊者，天生姿态优雅，配备了一副谙熟各种优美音律的歌喉，似乎永远高高在上。它们自在悠然的生活给予了人类多少诗情画意的憧憬。聆听着鸟儿的欢畅，我们来到介绍长江口鸟类的“迁徙驿站”展区。

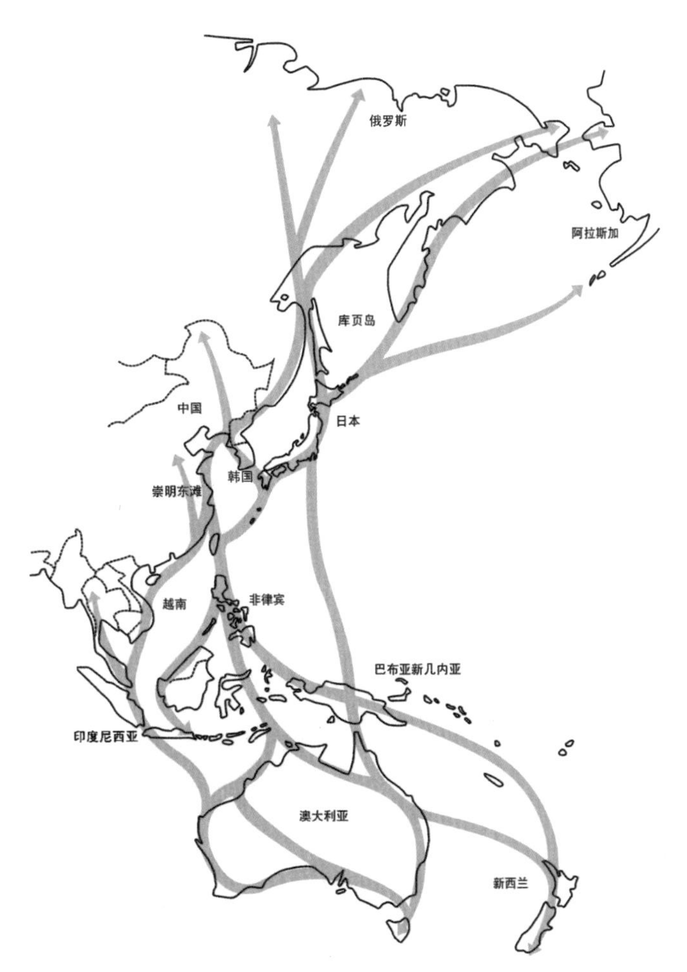

图2-11 东亚—澳大利亚迁徙水禽主要飞行路径示意图

首先看到的是一幅介绍东亚－澳大利亚候鸟迁徙路线图，长江口湿地就位于这条迁徙路线的中间（图 2-11）。事实上长江口是冬夏候鸟迁徙的重要通道，也是太平洋西岸一个举足轻重的鸟类栖息地和国际候鸟长途迁徙的重要驿站。春秋两季，成千上万的候鸟在“航线”上迁徙。地域辽阔、水草茂盛、生物资源丰富的长江口湿地成为候鸟理想的“驿站”（图 2-12）。大量过境候鸟和越冬候鸟在长江口湿地休憩、觅食、育幼，以恢复它们在长途飞行过程中损失的体重。从历年的数据上分析，过境候鸟秋季南下过境高峰期从 9 月中旬至 10 月中旬，而每年 9 月下旬至翌年 3 月底，有大量的雁鸭类、鸥类和鹭类候鸟在长江口栖息、越冬。这些勇敢的鸟类每年都从寒冷而又遥远的西伯利亚飞来至此，历经长途跋涉后的辛苦，在长江口停留数周时间，捉虫捕鱼，补充体力所需，为下一次的远飞做好充足准备。

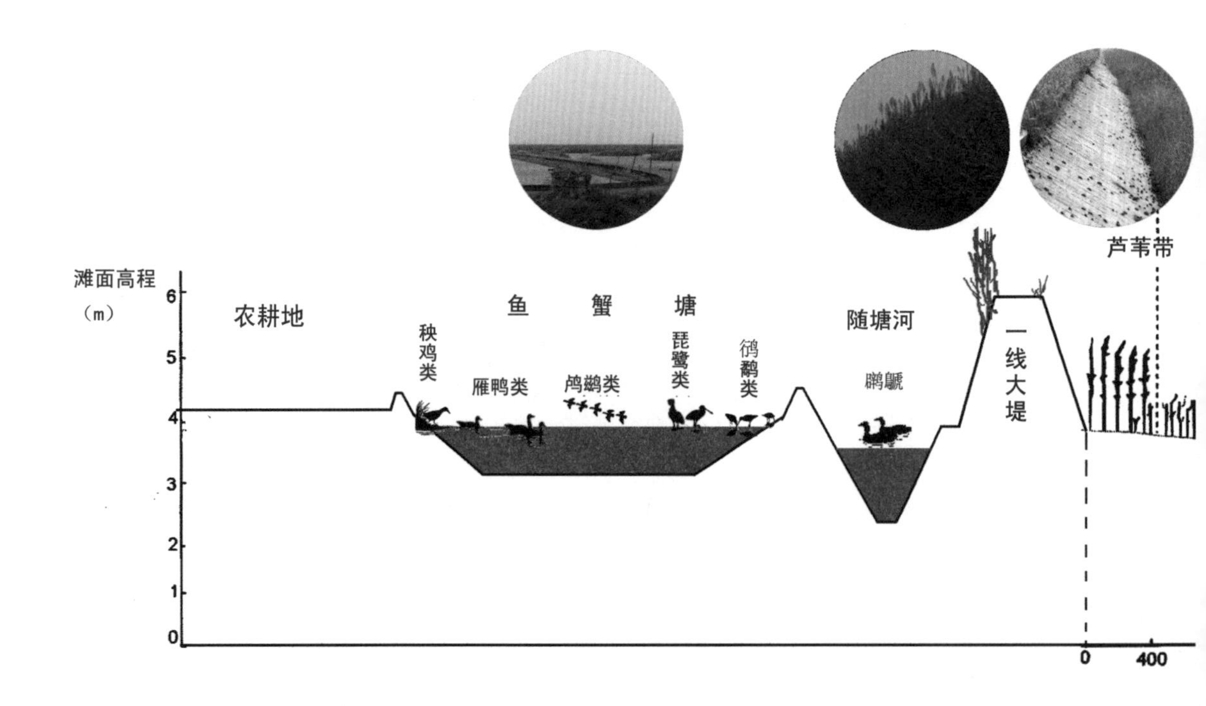

图2-12 崇明东滩鸟类生境利用图

春秋两季的长江口是其最美的时节，众多羽色鲜艳的雁鸭在湖塘中凫水竞游，身材颀长的欧鹭在水边悠然散步。小白鹭、小天鹅、小鸊鷉们不断搅动着江水，在水面留下一串长长的涟漪。远处忽然一滩鸥鹭惊起，它们天然生就的洁白如雪、翩翩飞翔的优雅身姿倒映在水面之上，宛如天使。纵深几千米的滩涂上随处是白头鹤与野鸭留下的脚印。天空更不寂寞，群鸟毕集，自由翱翔，装扮这片广袤的天地。不禁让人想起范仲淹《岳阳楼记》里的诗句："至若春和景明，波澜不惊；上下天光，一碧万顷；沙鸥翔集，锦鳞游泳；岸芷汀兰，郁郁青青……"（图 2-13 至 2-15）

候鸟来此完成生命中重要的迁徙，它们是湿地的主人，而我们是湿地的客人，亦是候鸟生命轮回的见证者。

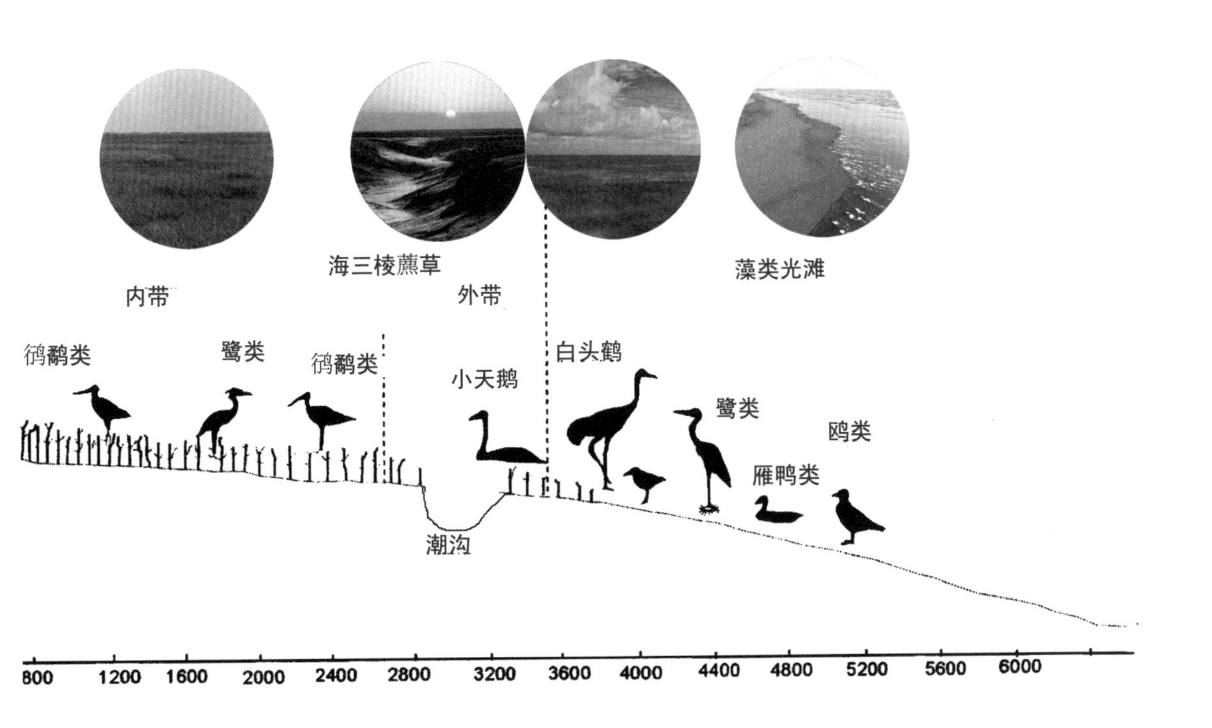

图2-13 长江口湿地中的白头鹤与灰鹤

图2-14 湿地中的黑脸琵鹭

图2-15 上海崇明东滩候鸟保护区

2.5 河口小生灵

领略了群鸟齐集的美景，前面出现了一小片滩涂。乍一看贫瘠、黑暗、冰冷、荒凉，实际上却充满生机。如果你探身仔细查看，就能发现无数动物的洞穴、爬痕。在黑暗的沉积物内，各种生物活跃于其中。这里就是介绍“河口底栖动物”和“河口藻类”的展区了。

河口的底栖动物是在长江口湿地生态系统水层与土层交界处艰难生存繁殖却不太受到重视的小生灵，或许它们不似鱼类那般具有显著的经济价值，亦不像滩涂植被那样有明显的景观功能，但是它们却担负了河口生态系统中必不可少的特殊功能：传递营养物质，构建微地貌，指示环境质量等等。它们通常以各种碎屑物、藻类为食，而它们本身又可以成为鸟类、鱼类等各种动物的重要饵料来源。这些生物共同构成了河口地区的食物链，维持了河口的生态平衡。

如果我们根据动物的栖息环境及活动方式，可以把河口底栖动物划分为底上动物和底内动物。底上动物生活于河口泥沙或岩礁的表面上，包括固着动物，如水螅、海葵、牡蛎、藤壶等动物；水底匍匐和水底漫游动物，如蟹类等；游泳底栖动物，如虾类、底层鱼类等。底内动物生活于河口泥沙内，包括管栖、穴居或自由潜入的底埋动物如螺、蛤等，以及钻蚀岩石而居的钻蚀动物。

除了形态大小不同之外，河口底栖动物有着各种各样、令人称奇的生活习性。比如牡蛎依靠特有的过滤器官，滤取有机悬浮物和部分无机颗粒为食。毛蚶、长吻沙蚕等则是来者不拒，它们潜居于软泥底质内，不加选择地摄食含营养丰富的腐殖有机物的软泥。一些虾、蟹是贪婪的肉食性类群，大量的小型底栖动物便成了它们的盘中佳肴。

看到滩涂上的那些小沙堆和蟹洞了吗？那是沙蚕和蟹类的杰作。有些洞穴有时深达一米多，而且洞穴之间彼此交汇、四通八达，真是名副其实的地下迷宫。在滩涂之上招潮蟹正举着自己一大一小的螯足向我们挥手致意呢（图 2–16）！那只大螯足最叫人称奇的还是它的颜色变化。随着潮水周期的变化，大螯足的颜色也呈现出周期性的变化。当开始退潮时，大螯足的颜色开始变浅，到一天的最低潮时，大螯足的颜色最浅。随着潮水上涨，它的颜色又开始变深，直到最高潮，其颜色也回复到最深，形成了类似“生物钟”效应。

弹涂鱼生活在近海沿岸及河口高潮区以下的滩涂上，晴天出穴跳跃活动于泥滩上觅食，以滩涂上的底栖藻类、小昆虫等小型生物为食。每当退潮时人们就可以看到弹涂鱼在滩涂上跳来跳去地追逐玩耍（图 2-17）。

在栈道旁摆放着几个显微镜，我们可以通过它观察到平时肉眼无法辨别的藻类。别看这些藻类微不足道，它们可是河口食物链的基础，许多底栖动物就是以藻类等浮游生物为生。这些微小藻类在显微镜下形态各异，长条的、圆的、扇形的，活像一个个小精灵（图 2-18）。

图2-16 湿地中的招潮蟹

图2-17 可爱的弹涂鱼

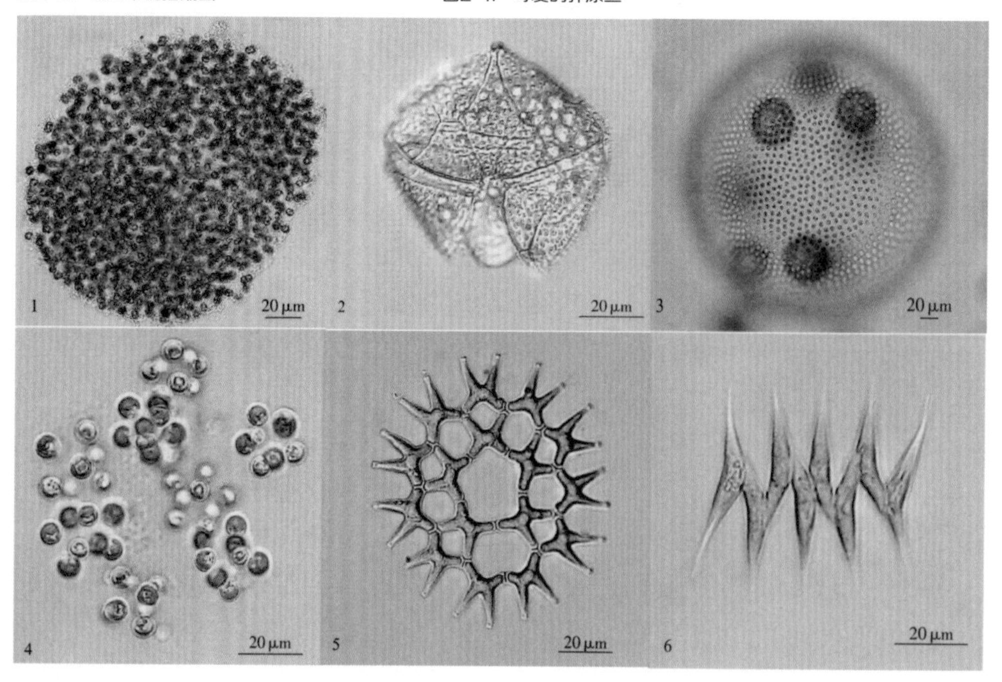

图2-18 河口藻类
1. 水华微囊藻 2. 五角圆多甲藻 3. 非洲团藻 4. 辐球藻 5. 单角盘星藻 6. 爪哇栅藻

2.6 水族世界

随着展区由陆向水的过渡，我们来到了一片开阔水域。这是名为“游鱼戏水”的互动多媒体游戏。与游鱼一起嬉戏在现实中恐怕不是所有人都有机会体验的，不过没有关系，在长江河口科技馆我们可以通过虚拟的地面投影实现。展开你想象的翅膀吧，当你走到了投影的水域，脚边会泛起一圈圈的涟漪，水里的小鱼则会四散躲开，迈步在水边的滩涂上，身后留下了你一串串的脚印。

这或长、或扁、或宽的小鱼或许你一条也叫不出名字。前面不远处的五只水族缸里面游动着生活在长江河口地区的鱼类。这就是介绍河口鱼类资源的“水族世界”展项了。对于只知道淡水鱼、海水鱼的普通观众而言，河口鱼类到底是淡水鱼还是海水鱼呢？答案为“都是”也“都不是”。河口咸淡水混合的特征，决定了其中分布的鱼类具有适应咸水、半咸水以及淡水等不同环境条件的多种类群。按照鱼类生活的环境条件以及出现在河口区域的时间，可以将河口鱼类划分为海洋鱼类、河口定居鱼类、洄游鱼类以及淡水鱼类等生态类型。科技馆中的水族缸模拟了河口地区咸水、半咸水、淡水环境，适应不同环境条件的鱼群就生活在其中。

先看看海洋鱼类！这些鱼类平时生活在河口近海或沿海，偶尔随着海流进入到河口水域。看，阔口真鲨张着大嘴正向我们游来，赤魟将它极扁平身体或贴在水底或吸附在玻璃墙上，此外还有海鳗、天竺鲷、大黄鱼、小黄鱼、蓝点马鲛鱼、带鱼和银鲳等等游弋其中，好不自在。接下来是河口定居鱼类，这些鱼类终生生活在河口半咸水水域中，是典型的河口种，可在较大的盐度范围的水中生活。鲻鱼、梭鱼、鲈鱼、舌鳎和河鲀自由自在地在半咸水中生活。当然洄游性的鱼类是非常值得关注的。看到身上长着多块背骨板的鱼吗？这就是大名鼎鼎的中华鲟了，俗称鲟鱼、甲鱼和鳇鱼，它可有“长江鱼王”的美称呢（图 2–19）！

图2–19 中华鲟

中华鲟是一种溯河洄游鱼类。洄游是鱼类运动的一种特殊形式，是一些鱼类的主动、定期、定向、集群、具有种的特点的水平移动。洄游也是一种周期性运动，随着鱼类生命周期各个环节的推移，每年重复进行。洄游是长期以来鱼类对外界环境条件变化的适应结果，也是鱼类内部生理变化发展到一定程度，对外界刺激的一种必然反应。通过洄游，更换各生活时期的生活水域，以满足不同生活时期对生活条件的需要，顺利完成生活史中各重要生命活动。按洄游的动力，可分为被动洄游和主动洄游；按洄游的方向，可分为降河（海）洄游和溯河洄游等。根据生命活动过程中的作用可划分为生殖洄游、索饵洄游和越冬洄游。这三种洄游共同组成鱼类的洄游周期（图 2-20）。中华鲟平时生活于浅海或近海，每年繁殖季节，由海入长江河口或上游产卵，产卵后亲鱼死亡或与仔鱼返回近海或浅海肥育生长。除了中华鲟，长江口的凤鲚、刀鲚、银鱼、鲥鱼也属于溯河洄游鱼类。有没有听说过“秋风起兮佳景时，吴江水兮鲈正肥”？这是形容松江鲈鱼的诗句。松江鲈鱼俗称四鳃鲈，是一种降海洄游鱼类，平时生活在江河、湖泊或溪流中，繁殖季节洄游到浅海或深海产卵。最后是长江口的淡水鱼类了，这里必须介绍一下白鲟。它生活于长江河口中下层，春季繁殖期，溯江至上游产卵。目前，白鲟数量比中华鲟还要稀少，被列为国家一级保护鱼类。

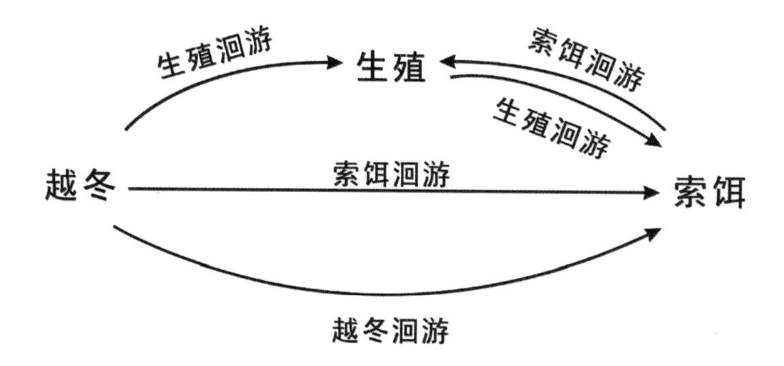

图2-20 鱼类洄游周期示意图

2.7 河口渔场

与“水族世界”鱼儿共同嬉戏后，你还可以去旁边一面描绘着长江口水下世界的展墙，墙上有三个人形门洞。钻进去看看。抬头仰望，阳光透过水面直射入水中，原来这就到了河口的水下世界了。水面上一艘艘渔船在阳光的映衬下泛着黑色的阴影。突然间，渔场的拖网抛洒入水中，似乎要把水中的鱼群一网打尽，原来已经置身于长江口渔场了。

说起渔场，相信很多人在高中的地理课本中一定学过世界上有名的四大渔场：日本的北海道渔场、欧洲的北海渔场、北美的纽芬兰渔场，还有南美洲的秘鲁渔场。或许还能记住暖流、寒流之类的名词吧。对的，许多著名的渔场都在寒暖流的交汇处（图 2-21）。而像长江口这里的河口渔场又是怎么形成的呢？

先从地理位置说起吧。长江口渔场位于东海北部、长江口外，北接吕泗渔场，有长江、钱塘江两大江河的冲淡水注入，东边有黑潮暖流通过，北侧有苏北沿岸水和黄海冷水团南伸，南面有台湾暖流北进，营养盐类丰富。外海高盐水与沿岸低盐水交汇及冷、暖流交汇使得长江口成为良好的渔场（图 2-22，2-23）。

另外巨大的长江径流不断向河口输送大量的营养物质，为生物资源提供了丰富的生源要素，因而这一水域是我国近海初级生产力和浮游生物最丰富的水域，为各种经济鱼类及其幼鱼的生长提供了丰富的饵料基础，成为重要的索饵渔场。而适宜的水温、盐度以及河口湿地环境使得长江口成为重要的鱼类产卵场和育幼场。仔稚幼鱼群落是河口及邻近水域鱼类资源补充群体的重要来源之一。中华绒螯蟹在该地区产卵。在长江中上游水域繁殖的中华鲟幼鱼在每年夏季进入附近水域育肥。

长江口也是重要的洄游通道，比如每年 8 — 9 月鳗鲡经长江河口洄游至深海产卵场产卵。产卵后亲鱼死亡，卵孵化后，经柳叶鳗而变态为线鳗（即鳗苗）。每年春季 2 — 5 月间随太平洋海流飘流到长江河口，形成鳗苗汛期。鳗苗价格昂贵，有“软黄金”之称。

以上这些因素使得长江口成为我国最大的河口渔场。但是近些年长江口的鱼类资源面临着巨大的威胁。过度捕捞使得许多鱼种近乎灭绝，如松江鲈、大黄鱼等。此外水体污染也破坏了鱼类的食物链并且使得产卵亲鱼及鱼卵、仔稚鱼的生存面临严重威胁。因此对长江口渔场的保护和可持续利用不仅仅是生活在长江口的人们需要关注的，更需要全社会每一个人去关心和重视。

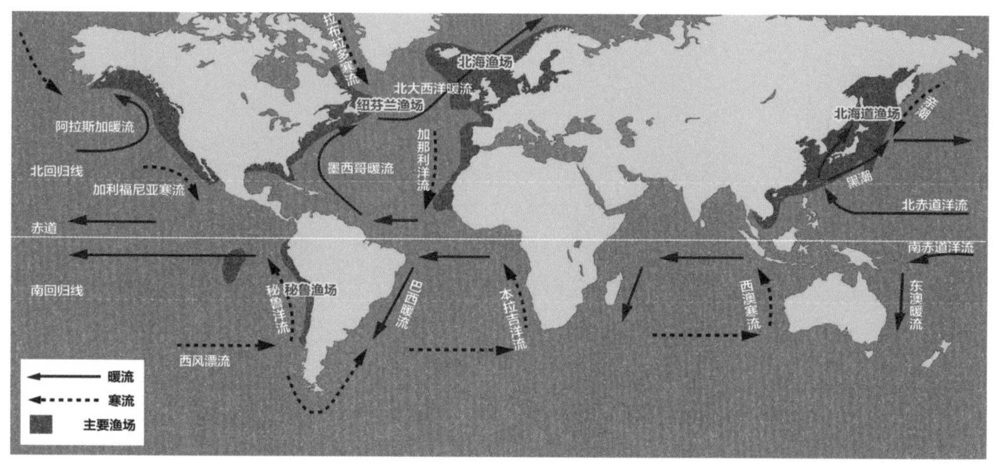

图2-21 洋流与世界四大渔场的形成

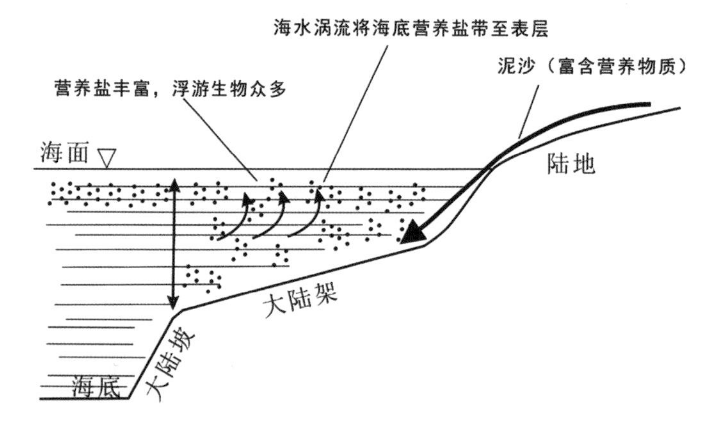

图2-22 长江口渔场形成原理示意图

图2-23 长江口正出航捕鱼的渔船

第三章

长江口淡水资源

3.1 饮水思源
3.2 青草沙水库

3.1 饮水思源

领略了长江口的生命之歌，或许你对“上海滩”这个词有了更深的感悟。是的，就在不大的滩涂边，长江与大海在这里交汇；候鸟在这里中转迁徙或越冬；许多珍稀濒危动物在这里栖息。结束了河口生态资源之旅后，眼前是一个巨大的沙盘和一条齐人高的水管。在这里我们将以上海为例，谈谈长江口的淡水资源。

上海是个因水而生、因水而兴的城市，它北枕长江，东临东海，南靠杭州湾，地处长江、太湖两大流域下游，苏州河、黄浦江穿城而过，市内河道蜿蜒，素来享有“东方水都”的美名。但是可能很少有人会想到，因为既受上游水污染影响，又有本地污染源危害，上海已成为一个典型的水质型缺水城市，被联合国命名为全球 6 大缺水城市之一。曾几何时，很多来过上海的外地人，都对上海自来水浓重的漂白粉味记忆深刻。2000 年上海市人大常委会的一份调研资料大略记录了这一段关于上海人喝水的历史：

· 1911 年，苏州河恒丰路桥附近水源成为上海水源地。

· 1928 年，取水口迁到军工路黄浦江附近。

· 新中国成立后至 20 世纪 80 年代，上海的取水口全部设在黄浦江中、下游江段。

· 1987 年 7 月，黄浦江上游一期工程建成通水，取水口设在黄浦江上游临江段。

· 1994 年 7 月，黄浦江上游二期工程将取水口移至松浦大桥下游 1.8 千米的女儿泾边。与此同时，上海开始把水量充沛、水质良好的长江确定为第二水源。1990 年开始建设长江引水的一、二期工程，取水口设在长江南岸的陈行水库。

· 从上海供水的百年发展史来看，上海的水源地经历了从苏州河到黄浦江再到长江口的变迁（图 3-1 至图 3-4）。

目前，上海市供水水源主要由长江口青草沙、黄浦江上游、长江口陈行水库以及部分内河和地下水组成。根据 2005 年上海城市总体规划修编的内容，到 2020 年上海合格原水缺口将达到 600 万立方米 / 天，而能够提供上海城区供水系统的水源不外乎有三：黄浦江、地下水、长江。黄浦江上游可供水量有限，且受到上游和沿岸污染的影响，水质为Ⅲ类到Ⅴ类水，短期内也不能得到明显改善。地下深井水水质较好，但取水过多将导致城市地表沉降。长江口南岸的陈行水库避咸蓄淡水库库容偏小，供水规模已不能满足城市社会经济需要。寻找新的水源地迫在眉睫。于是“扩大长江水资源开发，利用青草沙水源地……”被正式列入《上海市国民经济和社会发展第十一个五年规划纲要》。在长江河口科技馆“河口淡水资源”展区的中心是一个大型的青草沙水库动态沙盘模型。接下来我们就结合着这个沙盘模型来了解上海最重大的民生工程之一——青草沙原水工程。

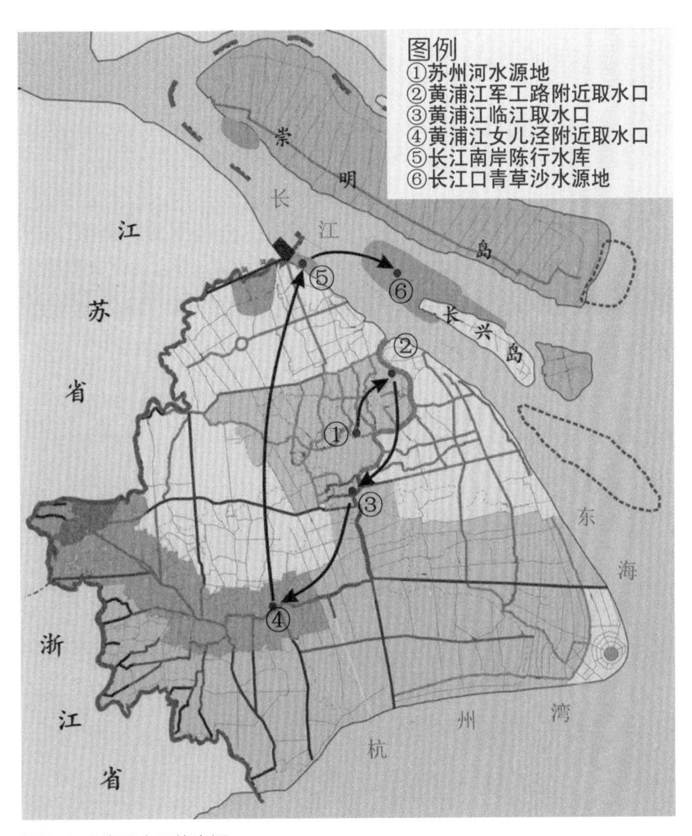

图3-1 上海取水口的变迁

图3-2 杨树浦水厂

图3-3 黄浦江上游的临江水厂

图3-4 长江口南岸的宝山陈行水库

3.2 青草沙水库

说到寻找青草沙水源还要得益于著名河口海岸学家、中国工程院院士陈吉余教授（图 3-5），他提出“干净水源何处寻，长江河口江中求。”引长江水，岸边也可以，为何要跑到江心呢？原因就在于如果在江边引水就需要一段江岸和一个较宽的滩地。但就宝山区人陆岸线而言，已有陈行水库，余者已无可建的岸线。而在浦东江岸，岸线也所剩无几，即使见缝插针建库，很有可能遭遇上游污水排放的问题。上海边滩几无可用之地，怎么办？于是长江三岛中距市区最近的长兴岛进入人们的视线。仔细勘察此地地形后，专家们发现青草沙滩面较高，和长兴岛西端伸出沙嘴形成的高滩，遥相对峙。两者之间另有一马蹄形心滩，与青草沙、长兴岛三者围成一半封闭式水域，形势天成，易于施工，是建造水库的理想地点。青草沙总面积约 70 平方千米，位于长江口长兴岛以北，年均径流总量是黄浦江的 49 倍。其位于长江口江心部位，不受陆域排污的干扰，水体水质属于 I 类至 II 类，水量丰富、水质优良，是上海市难得的优良水源地和城市供水的战略储备。

要在河口筑水库，谈何容易！这是陈吉余院士感慨“研究了一辈子仍未完全摸清楚脾气”的地方。在如此复杂的河势下建水库，难度堪比三峡水库。光青草沙水域的实测观察和基础性研究就进行了十多年。最关键的突破是需要把这一带水域的咸潮规律摸清楚。

图3-5 陈吉余院士

由于咸水入侵、特别是北支咸潮倒灌的存在（图 3-6），在长江河口直接兴建水库当然是一个巨大的挑战，就世界范围而言也少有成功的案例可以借鉴。然而，在上海市水源地论证过程中，专家们创新性地提出了“避咸蓄淡，择机取水”的方法，在咸水入侵未来之时蓄满水库，在咸水入侵发生之时则利用水库本身库容进行供水，成功解决了这一世界性的难题。

研究表明，在咸潮入侵期，青草沙水域处于相对低盐度区，水库取水口选址北港上游，可供水量巨大，这保证了在咸潮来临之前，水库能有充足的时间储够淡水。另外，青草沙以南的长江口中泓主流还是一个天然屏障，能够阻隔上海城市污水向北扩散，这在客观上减轻了水库在枯水期或咸潮来临时蓄水的负担。陈吉余院士认为，就算万一出现连续不能取用合格水的天数超过预期，也能以黄浦江淡水解不时之需，两手准备，当无匮乏之虑。

看看青草沙水库（图 3-7）的相关数字吧：水库面积相当于 10 个杭州西湖；供水规模 719 万立方米 / 天，占全市原水供应总规模的 50% 以上；一次蓄满可连续 68 天供应合格淡水；水库合龙时龙口水流的瞬时流速可达 9 米 / 秒，超过三峡水库大坝合龙时的瞬时流速 7 米 / 秒。随着青草沙水库的建成，上海未来将实施“两江并举、多库联动”的供水战略，两江即长江、黄浦江，多库为陈行、青草沙、黄浦江上游和东风西沙多个水库。

从青草沙水库获取的原水并不能直接使用，这些原水通过越江输水管道输送到上海各地的水处理中心进行净化处理后再送到千家万户，那时我们就可以喝上洁净的长江水（图 3-8）。

站在新建的长江大桥上眺望，紧贴长兴岛的整个青草沙水库如同长江口的一颗“江中明珠”。与外面的波涛滚滚相比，青草沙水库内安详平静，沙洲上绿草如茵，白鹭栖息（图 3-9）。

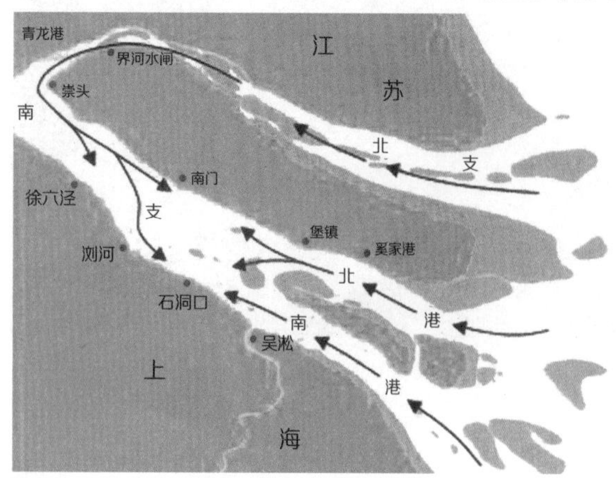

图3-6 长江口咸水入侵示意图

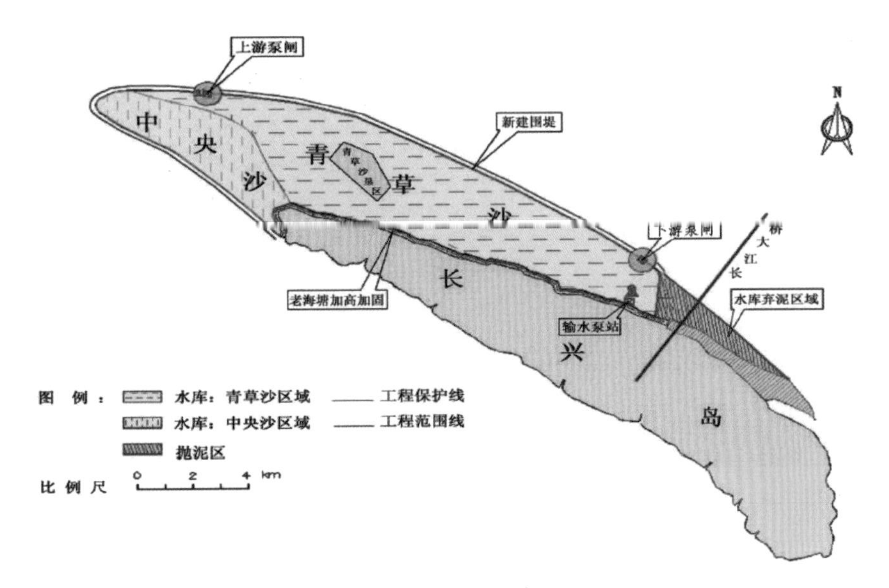

图3-7 青草沙水库及取水泵站的平面布置示意图

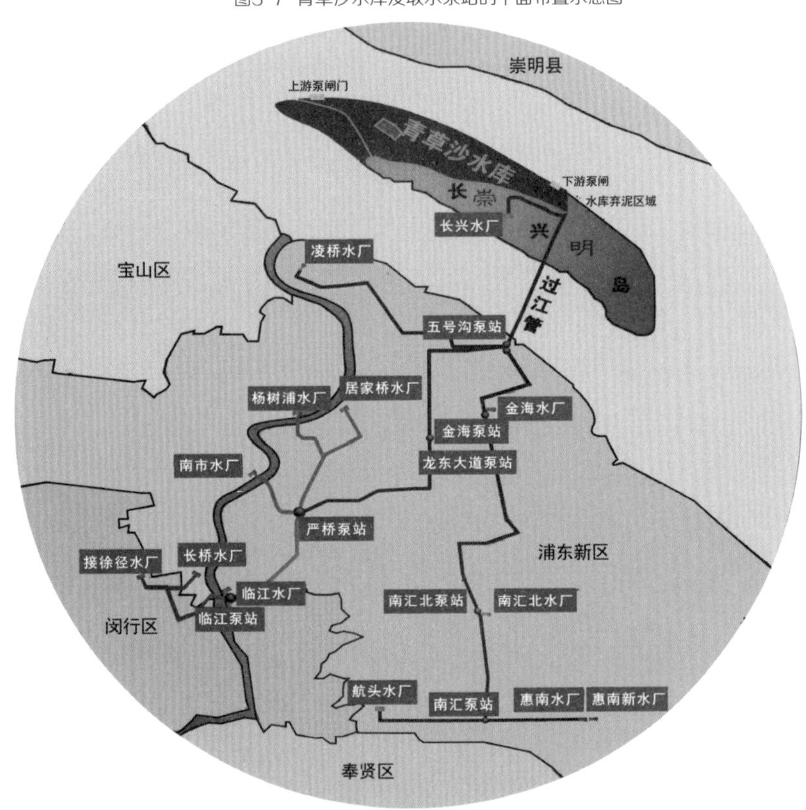

图3-8 青草沙水源地原水工程系统方案布置示意图

图3-9 青草沙水库

第四章

河口的安全

4.1 涌潮随想

如果你经常在海边嬉戏，相信一定看过海水周期性的潮涨潮落。每天到了一定时间，海水推波助澜，迅猛上涨，达到高潮；过后一些时间，上涨的海水又自行退去，留下一片沙滩，出现低潮，这就是潮汐现象。很早以前人们就知道了潮汐跟月亮有关系。中国古代哲学家王充在《论衡》中写道："涛之起也，随月盛衰。"到了17世纪80年代，英国科学家牛顿发现了万有引力定律之后，提出了潮汐是由于月亮和太阳对海水的吸引力引起的假设，科学地解释了产生潮汐的原因。逢农历初一、十五前后，太阳、月球和地球差不多在同一条直线上时，月球和太阳的引潮力几乎作用于同一个方向，两者的合力最大，此时海水受到引潮力最大，因此这时海水涨得最高，落得也最低，即大潮。到了初八、二十三前后，太阳、月球、地球三者位置形成直角，此时太阳引潮力和月球引潮力合力最小，这时潮涨得不高，落得也不低，即小潮（图4-1）。潮汐无处不在，但是并不是所有的地方都能形成涌潮，这就要谈到涌潮形成的地理条件了。

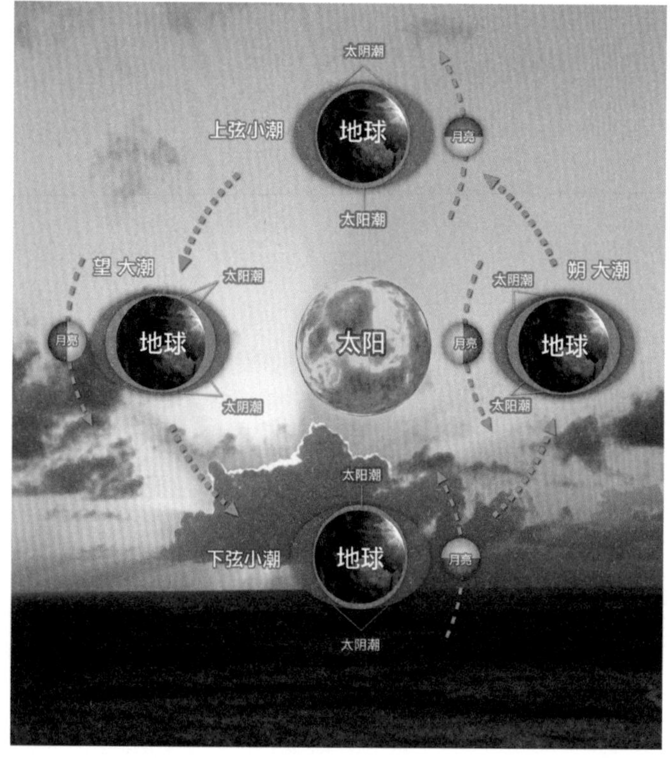

图4-1 大潮与小潮

说起涌潮，今天的人们大都知道浙江的钱塘江潮。其实，早在唐代中叶以前的数千年间，扬州、镇江一带的长江广陵潮比后来的钱塘潮更为波澜壮阔。“广陵”是扬州的古称，广陵潮波澜壮阔的宏伟景象曾使无数骚人墨客荡气回肠，留下许多传世文字诗篇。2200 年前西汉大文学家枚乘的《七发》：“春秋朔望辄有大涛，声势骇壮，至江北，激赤岸，尤为迅猛。”魏文帝曹丕看到广陵潮，曾惊叹：“嗟呼！天所以限南北也。”南朝乐府民歌《长干曲》：“逆浪故相邀，菱舟不怕摇。妾家扬子住，便弄广陵潮。”形象描述了广陵潮波澜壮阔以及当时人们弄潮的景象。唐代诗人李颀（690 — 751 年）有诗：“鸬鹚山头片雨晴，扬州郭里见潮生。”大诗人李白在《送当涂赵少府赴长芦》诗里也写道：“我来扬都市，送客回轻舠。因夸楚太子，便睹广陵潮。”自李白以后，关于广陵潮的文字记述越来越少，曾经铺天盖地的广陵潮渐渐在人们视野中消失了。唐代诗人李绅《入扬州郭》前面的小引写道：“潮水旧通扬州郭内，大历已后，潮信不通。”可见，当时的广陵潮已是强弩之末了。现在学者一般认为，广陵潮完全消失是在唐大历年间，即公元 766 年到 779 年之间。

究其原因是涌潮的形成与地理条件密切相关。还记得在河口科技馆“沧海桑田”展项中对长江口历史变迁所作的描述吗？2000 多年前，当时扬州的长江段也和现在的钱塘江一样，入海口也是“喇叭口”形，扬州与江对面的镇江焦山形若双阙，亦称“海门山”，江面比较狭窄，形成“陵山触岸，从直赴曲”的地理态势。扬州以下骤然开阔，散布沙洲，海潮上溯到此处，江的宽度和深度都向上游急骤减小，成为漏斗状，能量与水量聚集，水体急速上涨，于是形成奔腾澎湃的“广陵”涌潮。后来，由于长江挟带泥沙在入海口日益淤积等原因，海岸线不断向海洋延伸，长江入海口日渐东移，扬州的地理位置逐渐远离出海口，形成涌潮的条件越来越弱，到了唐代以后，广陵潮就逐渐销声匿迹了。沧海桑田，物换星移，如今的长江口也只在崇明岛北侧一带偶有涌潮出现，但气势和规模都已很微，与当初的广陵潮有天壤之别。

如果说长江口的“广陵涌潮”已淹没在历史的长河中，那么“秋满湖天八月中，潮头万丈驾西风。云驱蛟蜃雷霆斗，水激鲲鹏渤澥空”的钱塘江涌潮以雄伟的气势、多变的画面、迷人的景象引来了千千万万的观赏者。钱塘江口杭州湾外宽内狭，形如喇叭，海潮涌入宽达 100 多千米的杭州湾（图 4-2）。由于两岸急剧收缩，至宽度仅 20 千米（澉浦附近），潮波即由外海之“前进波”变成近似“立波”。纳潮量增多，并在海宁一带突然束窄，进入海宁盐官宽仅3千米；钱塘江由乍浦至萧山闻家堰约120千米的江底凸起的拦门沙对潮流的顶托摩擦使潮波变形，前坡变陡、后坡变缓、潮波破碎、形成碎波，并在潮水的最前缘形成直立的潮头，其潮头与上游江面落差越大则越壮观。由于天文、月相等原因，钱塘潮以每年农历八月十八日天文大潮汛前后为最大，故有“八月十八潮，壮观天下无”之说（图4-3至4-5）。

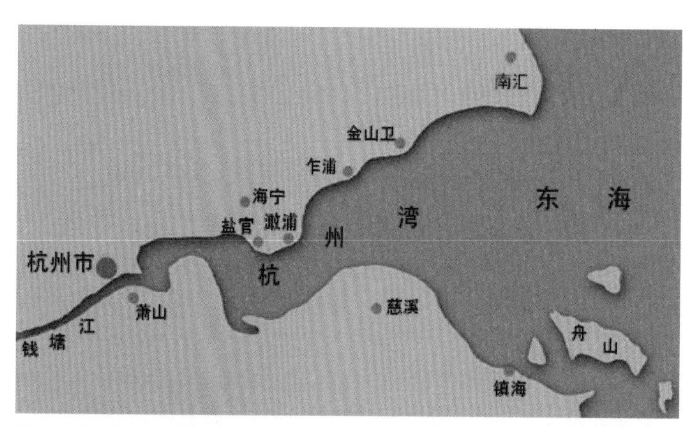

图4-2 钱塘江的喇叭型河口

图4-3 《观潮图》（清·袁江）

钱塘江涌潮现象自海宁外八堡始，而至杭州六和塔、珊瑚沙一带止，其中在稆河段上皆形成形态不同的涌潮现象。如外八堡的八字潮、盐官的一线潮（图 4-4）、老盐仓的回头潮（图 4-5）。此外，在比较开阔的江面上，由南北两股潮水汇合后，像一对兄弟交叉拥抱，合二为一，形成了比较罕见的交叉潮（图 4-6）。

图4-4 一线潮

图4-5 回头潮

图4-6 交叉潮

4.2 肆虐的风暴潮

领略了钱塘潮汹涌澎湃的气势，来到展现风暴潮灾害的模拟空间。当你置身其中，就如身处被风暴潮肆虐的河口边。狂风大作，风雨交加，站在这里，能够非常清楚地听到狂风吹过耳边的声音。雨借风势，暴雨打得人眼睛都睁不开，脚也站不稳。狂风卷着恶浪，咆哮着冲向岸边，海天相连，海面浑浊一片。海面上的风力有十级以上，十级大风卷起数米高的巨浪，从海上向陆地凶猛袭来，海浪拍在海岸上不时掀起几丈高的浪花，海水开始漫过海岸，巨浪一排排冲击着防波堤。更恐怖的是如果风暴潮恰好与天文大潮相叠，风暴潮夹狂风恶浪，溯江河洪水而上，形成了“风暴潮”、“天文大潮”、“洪峰”三碰头现象，那会对河口海岸地区的码头、工厂、城镇和村庄造成更大的危害（图 4-7，4-8）。

虽然每一次风暴潮灾害终将会过去，但它的出现仍然给我们提出了警醒。随着全球气候变化，人类面对这种异常天气的概率正在增加。我们的灾害应急体系，应当尽早预见到这些变化趋势，提高减灾抗灾的能力。这部分内容都在长江河口科技馆的“防汛监测”和“防汛工程”展项中有介绍。

图4-7 上海金南西海塘在1997年11号台风袭击中溃毁

图4-8 建设者封堵汹涌的潮水，加固大提

4.3 河口的防汛监测

随着科学技术的发展，对台风风暴潮的监测能力也在大大地提高。从 20 世纪 40 年代起一些发达国家就开始使用飞机对台风进行侦察。这种飞机可以一直穿入台风眼内，它能较早发现台风并正确地确定它的位置和强度。到了 20 世纪 60 年代，我国自己制造的雷达投入使用，并在沿海地区逐步建成了一个雷达监视网。它对于正确地掌握靠近我们沿海地区的台风和在我们近海生成的台风的活动情况起了很大的作用。

1974 年美国发射第一颗地球同步气象卫星获得成功，这种卫星发射在赤道上空 36000 千米的静止轨道上，卫星上装备有可见光和红外两种扫描仪，它可以监视很大区域，使台风在行将生成时或生成初期就被发现。气象工作者根据卫星照片上台风云系的位置和特征，就可以判断台风的位置和强度，再依据不同时刻卫星照片上所反映的台风云系的连续变化，就可以掌握台风路径和强度的变化。中国 1988 年 9 月 7 日发射了第一颗气象卫星“风云一号”太阳同步轨道气象卫星（图 4-9），其卫星云图的清晰度可与美国“诺阿”卫星云图媲美。之后我国又成功发射了四颗极轨气象卫星和三颗静止气象卫星，经历了从极轨卫星到静止卫星，从试验卫星到业务卫星的发展过程。同时还建立了以接收风云卫星为主、兼收国外环境卫星的卫星地面接收和应用系统，在气象减灾防灾、国民经济和国防建设中发挥了显著作用（图 4-10）。目前，我国是世界上少数几个同时拥有极轨和静止气象卫星的国家之一，是世界气象组织对地观测卫星业务监测网的重要成员。

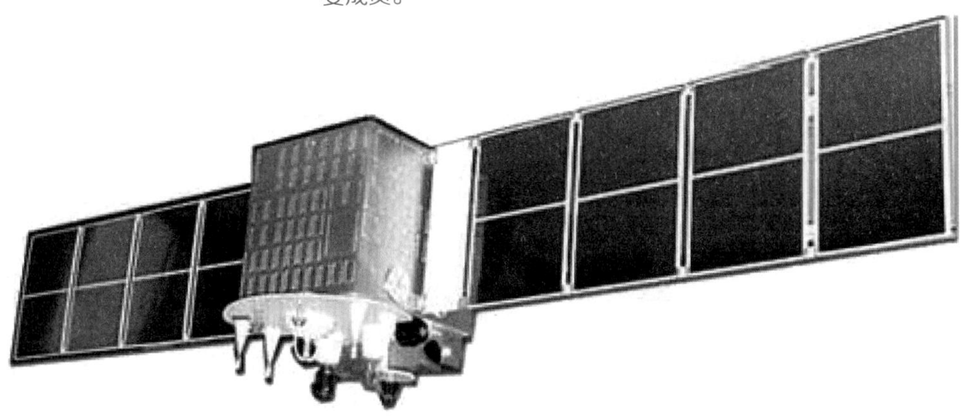

图4-9 “风云”系列气象卫星

图4-10 卫星云图显示风暴潮即将影响长江口

4.4 河口的防汛工程

说到古代的河口地区防汛工程，最著名的就是修筑在钱塘江口两岸的鱼鳞石塘（图 4-11）。它与长城、运河并列为我国古代三大土木工程。

图4-11 浙江海宁盐官鱼鳞石塘

钱塘江河口以其气势磅礴、变幻多姿的涌潮，闻名古今中外。河口北岸为太湖平原，南岸为宁绍平原，地势低平、河网密布、土地肥沃、交通便捷，是江南鱼米之乡、丝绸之府，也是历代王朝财赋主要聚敛之地。为防御洪潮灾害，东汉开始修筑海塘，经历代改进，至明清时期，筑成了构筑精细、高大雄伟的钱塘江海塘，绵延二百余千米，担负着保护两岸千万亩平原的安全重任。

钱塘江海塘修筑得十分巧妙，人们先是把条石纵横交错，然后在条石间凿出槽榫，用铸铁嵌合起来，合缝处用油灰、糯米浆浇灌。为了加固塘基，清代开始，人们还把一根根的“梅花桩”、“马牙桩”钉死在石塘下面，因为状似鱼鳞，所以叫鱼鳞石塘。

今天的人们已经渐渐淡忘了钱江大潮曾经带来的危害，只是陶醉于大潮的惊人力量，感受大自然的造化。然而，我们的先人为了控制这些自然神力，付出了很多艰辛，也显示了众多的聪明才智。他们用血泪和汗水铸就了这座海上长城，终使这一地区成为桑禾相蔽的沃土。如今站在海塘远眺，海塘外是波涛翻涌的茫茫大海，看不到尽头。海塘内是沟渠纵横、水美草肥的沃土，养育着一方子民。

现代，海岸防护工程更加科学和完备。按其防护目的不同可分为：（1）海堤。这是河口、海岸地区，为了防止大潮、高潮和风暴潮泛滥以及风浪侵袭造成土地淹没，在沿岸地面上修筑的一种专门用来挡水的建筑物。（2）护岸工程。这是河口、海岸地区，对原有岸坡所采取的砌筑加固措施，以防止波浪、水流的侵蚀、淘刷和在土压力、地下水渗透作用造成的岸坡崩坍。护岸工程分为斜坡式护岸和陡墙（包括直墙式）岸壁两种型式。（3）保滩工程。这是保护沿海滩涂，防止滩面泥沙被海浪、水流淘刷的工程设施。一般可采用建筑物、植物、人工沙滩等防护措施。保滩工程除能保护滩涂外，还间接地有护堤、护岸功能，并有促使泥沙在滩面落淤的作用（图 4-12，4-13）。

图4-12 金山化工园区围海大堤

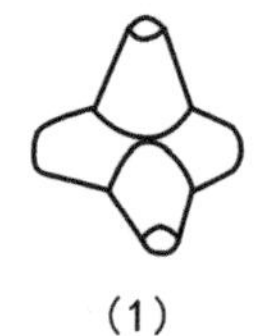

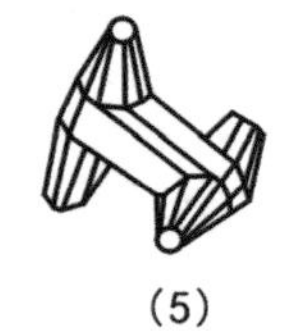
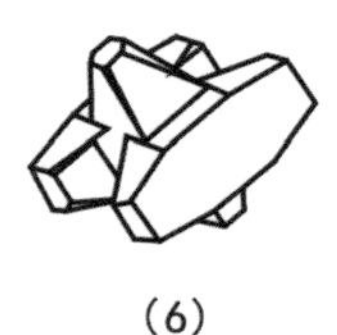

图4-13 常用人工混凝土块体示意图
（1）四脚锥体　（2）四脚空心方块　（3）三柱体
（4）铁砧体　（5）扭工字块体　（6）扭王字块体

4.5 河口地区如何应对全球变暖

相信很多人都看过一部以温室效应带来的灾难为主题的美国影片《后天》。影片大胆设想地球气候变化使得海水猛涨，冲天巨浪涌进纽约城，自由女神像被淹没，整座城市沉入汪洋之中。这一段场景被称之为影片最震撼而且最经典的设计。或许你会认为这只是科幻片的想象，但是与其类似的场景确实曾在地球上发生过。

工业革命以来，人类大量地使用矿物燃料（如煤、石油等），排放出大量的二氧化碳等多种温室气体。大量温室气体的富集导致的“温室效应”使得全球气候变暖。大河口往往伴生着大城市，可以说城市作为全球变暖的始作俑者，必然最先尝到全球变暖的恶果。城市占据地球 1% 的面积，却拥有地球上 50% 的人口，消耗了 75% 的能源，释放了 80% 的温室气体。过去，城市引领着人类社会和经济的发展，现在，城市必须直面危机，为应对全球气候变化承担责任。河口位于流域的末端，是生物多样性和人类活动双重聚集的区域。位于大河河口的三角洲，是地质变迁、沧海桑田的历史见证者，也是世界各国经济、文化发展最早最活跃的地区之一。这些区域现在正处在气候变化的前沿，也比以往任何时候遭受着更严酷的气候考验。作为受气候变化影响最敏感的地区，大量世界河口城市都应该思考如何通过低碳发展来实现经济繁荣和生态安全的双赢。

事实上，海平面上升对上海地区的危害远不止此。海平面的上升将导致上海地区受到风暴潮灾害威胁的风险加大，增加市区排涝困难，导致盐水入侵和污水上溯加重，使得土地资源淤增减缓，并可能削弱长江口的航道和港口的功能。而对于整个长江三角洲而言，假如在没有防潮设施的情况下，海平面上升 30 厘米，按照历史最高潮位推算，海水就可以淹没长江三角洲目前总面积的 26%。图 4-14 为我们假设了海平面上升，将导致世界上哪些富庶的城市相继淹没于海水之中。那么对于普通大众而言，面对全球变暖的趋势又能做些什么呢？《全球变暖生存手册》给出了抗击全球变暖的十个简单步骤。

1）温度调低 1 度

冬季取暖时温度调低 1 度，每年可为地球减少 225 千克的二氧化碳排放，取暖费也能节约 4%。

2）换灯泡

英国每个家庭只需换用一个节能灯泡即可关闭一家电厂。

3）家用电器勿处于待机状态

电视机、音箱、电脑上的那些小红灯正亮着吗？它们正处于待机状态，随时恭候着您的遥控，正耗费着能量。拔掉插头，真正关掉它们，家庭能源的排放会减少 10% 甚至更多。

4）拒绝塑料袋

每年消耗 5000 亿到 10000 亿只塑料袋不会有好结果。多数废弃的塑料袋在大街上一路飘扬，可能伤及陆地上或海里的动物，最后则葬身垃圾场。

5）本地购物

平均来说，超市内的每样商品要旅行至少 1000 千米才能到你的手上。购买本地生产的食品能减少运输所需的能量。

6）自己带杯子

带上自己的旅行杯。一次性杯子（和杯盖）用后即被扔到垃圾场，已成为垃圾场一大景观。

7）乘坐公共交通工具

一辆公交车载客人数相当于 50 辆小轿车。地铁和火车能容纳更多乘客。一千米路程，乘坐公共交通工具消耗的燃料只是私人汽车的一半。

8）骑自行车或步行

骑自行车或步行上班、上学或购物——每周一次即可让地球从汽车的二氧化碳排放中解脱出来喘口气。

9）缩短洗澡时间

地球变暖注定会加剧水资源的匮乏。快速淋浴用水量仅为盆浴的 1/3。淋浴时间缩短一分钟每年即可节约用水 2000 升。

10）种点植物

植物吸收二氧化碳，吐出氧气。一棵树产生的氧气足够两个人一生所需。花草树木还能为鸟类和其他生命提供食物和栖息地。

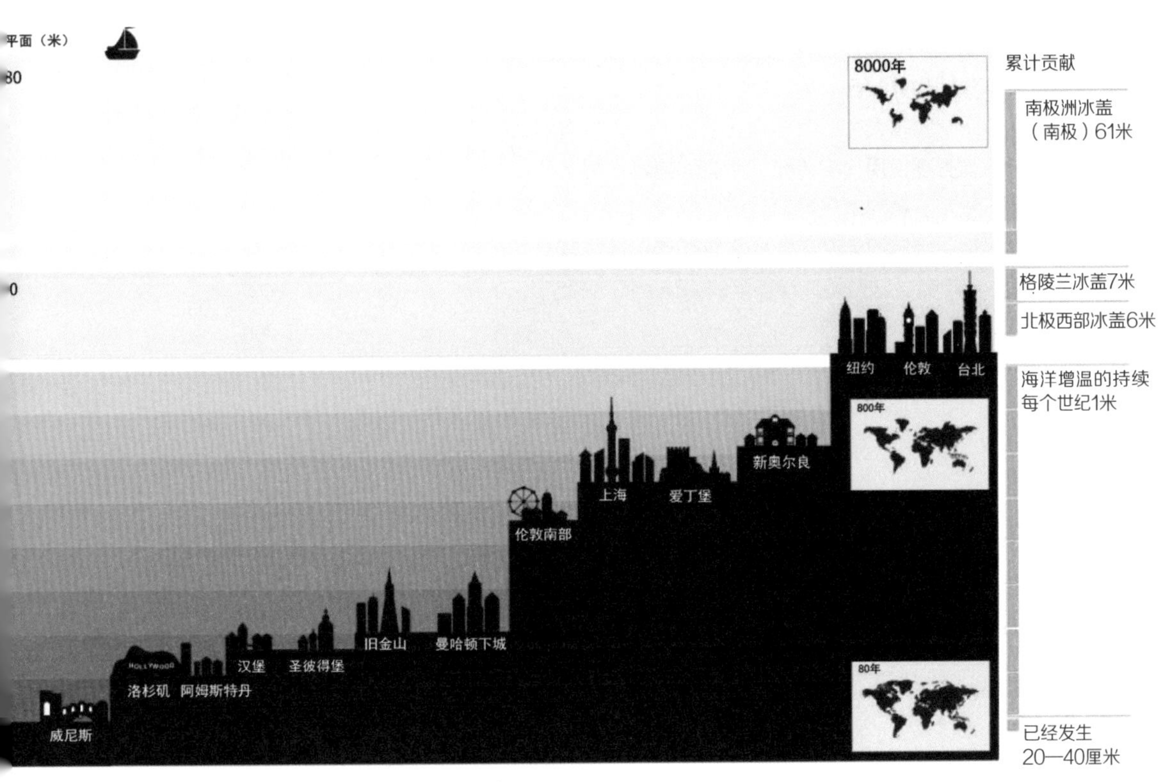

图4-14 随着海平面上升，将被淹没的城市

4.6 健康河口

资源环境与河口安全厅的最后一个展项是“健康河口”，看到了生生不息、丰饶、繁荣的美丽河口，也感受了河口地区对气候变化的敏感性。更重要的是河口城市的存在使得环境、资源、发展及人类活动之间的影响相互叠加，所有的机遇、挑战、威胁都在河口聚集。河口的未来在何方？我们憧憬着一个怎样的未来？

或许未来的河口应该包含两个层次的创新性内涵：

——从自然保护的角度看，是一个尊重自然，充分运用自然规律，合理结合人工设施，能够较好适应已有气候变化影响的健康的生态系统；

——从城市发展的角度看，是一个从规划、建设到管理都践行“低碳”原则，能缓解未来气候变化影响的城市。

长江口，流域的脉搏，世界第三大河口。这里水草丰美，是生命的天堂。在这片不断增长的土地上还坐落着一座巨型城市——上海，中国的经济中心，崛起中的国际大都市，面对全球气候变化，河口未来的兴衰存亡寄予你我的手上。人与自然，陆地与海洋，城市与野趣，现代与传统，所有的精彩汇聚于此。探索着融合，企盼生生不息的未来愿景，河口愿景描绘的是人与自然携手共生的典范。自然的天赋和人的需求在这里达成默契。有序地开发利用，保障着长江口可持续发展的明天（图 4-15）。

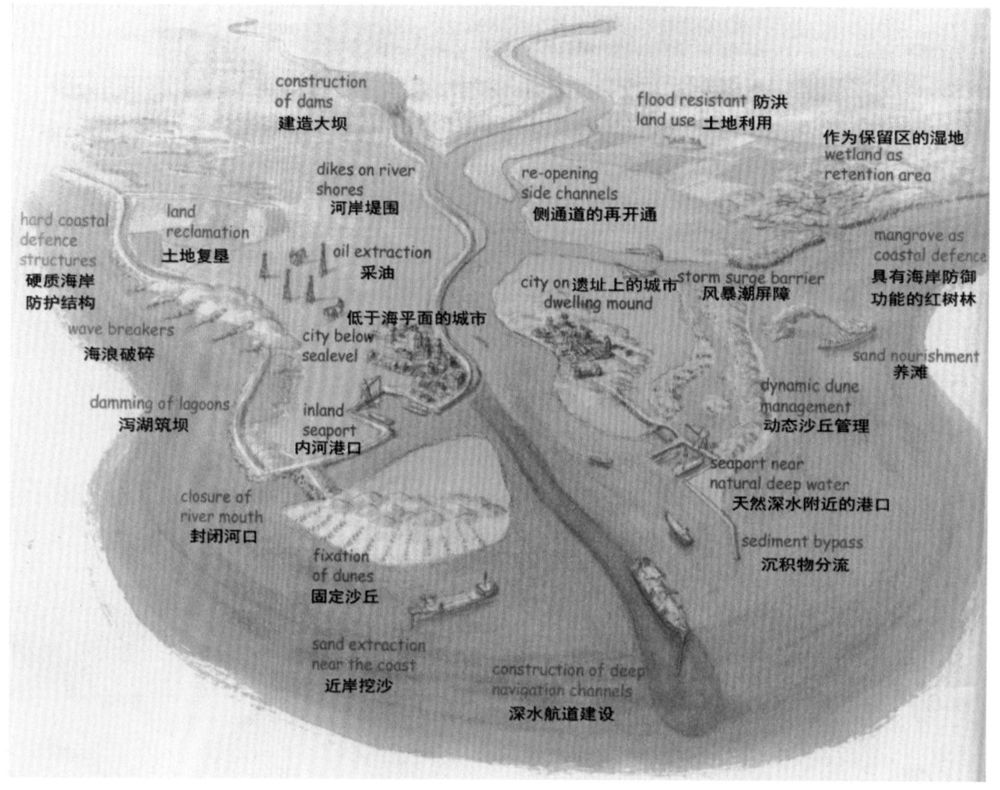

图4-15 河口愿景

第五章

长江口的科技工程

5.1 长江口深水航道
5.2 洋山深水港
5.3 长江口桥隧工程
5.4 浦东国际机场选址

5.1 长江口深水航道

在序厅中我们已经感受了浩渺长江滚滚东去的壮美画面，也了解了其入海口三级分汊、四口入海的格局。但是，一道“拦门沙”如骨鲠在喉，锁住了长江通向大海的顺畅航道。

“治理长江口，打通拦门沙”，发挥长江“黄金水道”优势，早在1918年孙中山先生在《建国方略》中就提出此一构想。新中国成立后，从1958年开始，一大批专家学者追寻这一构想对长江口治理进行了长期研究。打通拦门沙是否可行？怎样打通拦门沙？……一系列问题困扰了几代人。

1997年9月，针对长江口丰水多沙、潮量巨大、滩槽交错、河势易变等复杂的自然条件，国务院主持召开的“长江口深水航道治理工程汇报会”讨论确定了治理方案，明确了“导流、挡沙、减淤”的指导思想，采用“稳定分流口、宽导堤加长丁坝群、整治结合疏浚”的总体方案（图5-1至5-4）。治理措施的主体工程共5项，即总长为49.2千米的北导堤，总长为48.0千米的南导堤，分流口导堤和相连的潜坝，南北导堤间的束水丁坝以及79.5千米长的人工开挖航槽。南、北导堤的作用是规顺涨、落潮流和阻挡横沙东滩和九段沙上的泥沙进入航道，丁坝起束水攻沙、加深航槽的作用，分流口工程的作用是稳定进入北槽的水量和减少进入北槽的沙量，疏浚工程是促使航槽尽快达到要求深度。

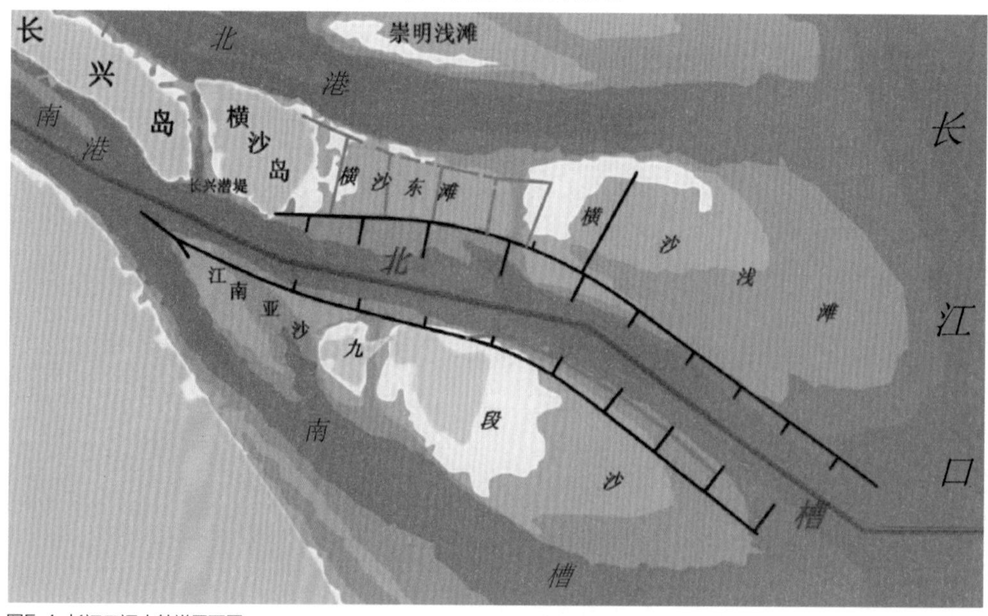

图5-1 长江口深水航道平面图

图5-2 长江深水航道治理一期工程南导堤鱼嘴分流口施工现场

图5-3 施工中的北导堤

图5-4 长江口深水航道导堤与丁坝

自此，长江口深水航道治理工程按照“一次规划、分期建设、分期见效”的思路，通过一、二、三期工程的实施，水深从整治前的7米，逐期增深至8.5米、10米和12.5米。自此在长江口上，第三、四代集装箱船和5万吨级船舶能够全潮双向通航，第五、六代大型远洋集装箱船和10万吨级满载散货船及20万吨级减载散货船可以乘潮通过长江口。

如果说，三峡工程是长江巨龙的尾，那么，长江口深水航道工程就是长江巨龙的头；如果说，都江堰工程为岷江流域造功德，流芳百世，那么，长江口深水航道工程就是为长江流域谋福祉，利在千秋；如果说万里长城是中国人不倒的灵魂，那么长江口深水航道工程则是人类战胜大自然不朽的丰碑。

5.2 洋山深水港

随着上海打造国际航运中心的目标的确定，原来的上海港已不能适应新的需求，建立新的“东方大港”势在必行。那么到底应该建在哪里呢？为此相关专家先后对北上（罗泾）、东进（外高桥）、南下（金山嘴）等建港方案进行论证，但都因航道水深不够、岸线不足等原因而作罢。最终，跳出长江口、走向大海，在距上海南汇芦潮港约30千米的大小洋山岛建深水港的设想成为时代发展的需要（图5-5）。

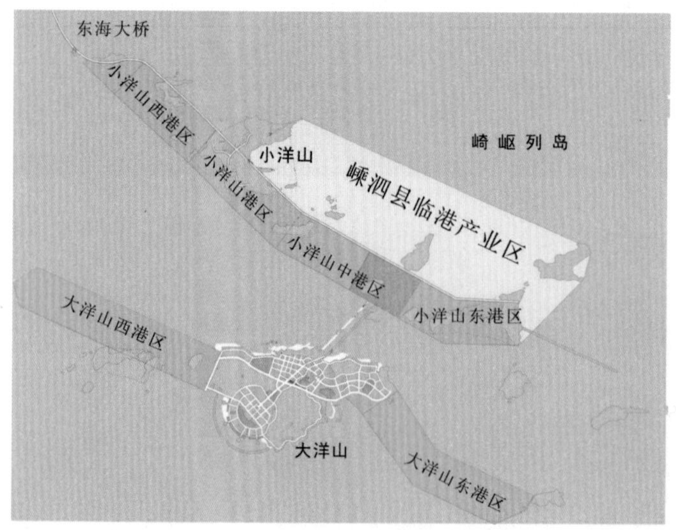

图5-5 洋山深水港规划图

洋山深水港是世界最大的海岛型深水人工港，港区位于浙江嵊泗崎岖列岛以北，距上海市南汇芦潮港东南约 30 千米的大海里，由大、小洋山等十几个岛屿组成，平均水深 15 米，大小洋山岛链所形成天然屏障提供了良好的泊稳条件，是距上海最近的天然深水港址。建成后的洋山深水港扼守亚洲—美洲、亚洲—欧洲两大国际航线要道，是上海打造国际航运中心的核心工程（图 5-6）。

在深海中建造大型港口，是对人类工程技术能力的巨大挑战。洋山港地处风大流急的杭州湾外口，这里是强台风经常光顾的区域。大、小洋山由十几座不相连的小岛组成，工程人员要在平均水深 20 多米的岛屿之间，用吹沙填海的方式将岛屿间的海域填平，造出长 6 千米，宽 1 — 1.5 千米，总面积 8 平方千米的平整陆地。这相当于在 1000 个足球场的面积上，将沙子堆到七层楼的高度，砂石抛填总量超过一亿立方米。孤悬海外的洋山岛港区，通过世界第二长跨海大桥——东海大桥，连接到南汇芦潮港。碧海滔滔，一桥飞架，从上海至洋山港的车程仅 30 分钟（图 5-7）。

上海，从此名归实至，这个东方大港已由“江河时代”迈入“海洋时代”！

图5-6 洋山深水港实景

图5-7 东海大桥

5.3 长江口桥隧工程

在浩瀚的长江口上一座世界最大隧桥结合工程——长江隧桥工程建成通车，从此“长江门户、东海瀛洲”的崇明岛不再“孤悬”。

长江隧桥工程采用“南隧北桥”方案，总长25.5千米，由8.95千米长的全球最大隧道和16.5千米长的世界第一公路、轨交合建斜拉桥组成。或许有人会问为啥非要在南面挖隧道、北面造大桥呢？其实这是根据长江口实际情况确定的。在浦东和崇明岛之间有长兴、横沙两岛，长江在入海口形成了南槽和北槽。天然的水深条件使得浦东至长兴岛之间的南槽承担了主要的通航量，长江口深水航道就建设于此。挖隧道虽然难度很大，但隧道建成后不会影响航运。而“北桥”位于北槽，此处泥沙淤积较多，吃水深度不是很深，并不作为主航道来使用。此外，长兴、崇明之间距离较宽，若建如此长距离的隧道，技术难度、施工风险极大，加上隧道的工程造价要比桥梁高出不少，“北桥”由此应运而生。随着南港挖“长江隧道”、北港造“长江大桥”的“南隧北桥”方案的确定，长江口又多了一道“一桥飞架南北、一隧穿越两岸”的壮观景象（图5-8，5-9）。

图5-8 上海长江隧道

图5-9 上海长江大桥

5.4 浦东国际机场选址

去过浦东的人，无不为浦东国际机场那大鹏展翅恨天低的形貌而深深折服。然而有谁能相信，这充分体现了 21 世纪人与自然完美结合、如今已成为上海浦东标志性的建筑，在它诞生的过程中，是一双学者的手，把它向大海推进了 700 米。正是这微不足道的 700 米，使国家节约资金数十个亿。他就是华东师范大学河口海岸研究院的陈吉余院士。

沸腾的上海，呼唤着现代化的航空港，以期与其国际大都市的地位相匹配。于是建设一个现代化的浦东国际机场，进一步发挥浦东改革开放的龙头作用，推动上海及长三角社会与经济的发展一事早已列入上海市政府的规划。1990 年，上海市有关部门经过筹划论证，拟定把上海浦东国际机场建在川沙城厢东境，濒临长江的海堤之内。

在幅员辽阔的中国，建一个浦东机场，其实也算不上一件特别的大事。选址何处？合不合理？科不科学？这与普通的市民确实关系不大。可陈吉余在听到机场选址的消息时凭着多年的实践经验和专业敏感性，意识到这不是一个最佳方案。他想到建造在海滨沼泽的纽约肯尼迪机场、日本成田机场，还有海岸外水深 20 米外建筑的日本大阪关西机场，心里久久难以平静。上海的东边有大面积的滩涂可供开发利用，可我们为何偏要占用寸土寸金的熟地呢？

“上海的海岸外面有海滩，而且海滩很宽广。浦东搞国际机场，最初的计划是把海堤里的土地、农田作为机场。那时我就想，与其征用农田、大规模拆迁，为何不围海，利用潮滩建设机场呢？少征土地，少拆迁，而且不会对附近居民有噪音的影响，未来的发展还能有更加广阔的余地，不也可以吗？。当时，这个建议一提上去，就被采纳了。”陈吉余回忆起这个建议时说。

在陈吉余院士提出的方案指导下，浦东机场的选址充分地利用了长江滩涂，在机场范围内沿滩涂零米线修筑促淤大坝，加快滩涂的成陆速度，并将整修场址向长江滩涂平移了 700 米，因此少征农用地 5.6 平方千米，减少动迁户 5000 余户，为机场后续工程创造了 18.8 平方千米的建设用地（图 5-10）。

随后，为了解决场区的候鸟问题，陈吉余又主持了“浦东国际机场东移和九段沙生态工程研究”项目。通过“九段沙种青促淤引鸟工程”为鸟类营造新的栖息地，诱导候鸟改变迁徙路线，最大限度地消除“鸟撞”隐患，以确保浦东国际机场的安全营运。

图 5-11 是建成后的浦东国际机场的鸟瞰图。

图5-10 促淤坝使机场滩涂平移700多米，形成总面积18.8平方千米的建设用地

图5-11 浦东国际机场鸟瞰

第六章

长江口的航运史

6.1 长江口港口变迁
6.2 长江口造船史

6.1 长江口港口变迁

地处中国最大河流入海口及东部海岸线中点的长江口自古以来就是重要航运中心。由于受地转偏向力影响，其南岸受水的冲击力较大，河道较深，因此古代长江口港口大多聚集于长江南岸的太湖流域。

古时太湖由松江（今吴淞江）、娄江（今浏江）和东江分泄入海，松江为正流，合称三江，所谓“三江既入，震泽底定。”图 6–1 是敦煌壁画的《石佛泛江图》，描绘了松江石佛像被发现及迎奉的过程。图中空白处为迎佛大船，1924 年被美国人华尔纳用粘胶盗取。此图为描绘松江最早的地理人文图像。南宋绍熙《云间志》载：太湖东北七十里“江水分流谓之三江口”，即娄江、东江、松江分流处（图 6–2）。从六朝至隋代，太湖流域商品经济尚不发达，松江下游未形成贸易港口。不过那时松江已是苏州地区一条重要的出海航道。到了唐代，三次遣唐使返日均从此处出海。杜甫《昔游》诗有“吴门转粟帛，泛海陵蓬莱”句，说明在唐代松江不仅是出海航道，还是一个良好的渔港。

唐末五代以后，随着太湖流域商品经济的发展，寻找一个海上贸易的港口成为时代的必须。上海地区第一个对外贸易港“青龙镇港”应运而生（见图 6–3，此为唐代《策彦归朝图》描绘日本僧人返国时，中国友人在青龙港码头送行情形）。当时“吴淞古江故道，深广可敌千浦”，到北宋嘉祐年间青龙镇的商业海上贸易已经相当发达了。

南宋中叶以后，由于三江泄海格局的变迁，娄江和东江已完全淤塞，作为太湖流域排水道的松江下游也泄水不畅，青龙镇的海上贸易渐趋衰落，此时位于长江口南岸的“黄姚港”兴起，成为上海地区长江航运进出的重要港口，沿海各地海商辐辏于此，黄姚因而设镇。然而到了 12 至 13 世纪，长江主洪逼近南岸，江岸内坍，黄姚镇逼近江岸，无避风港，不利海船寄樯，于是海商逐渐转移至青龙镇下游、吴淞江支流上海浦的“上海务”。

到了元代吴淞江口河沙汇塞江心，两岸沙洲众多，泥沙淤积几与岸平。吴淞江航运之利几乎丧尽。上游流水将浏河束水攻沙，江面大开，浏河的“太仓港”开始兴起，元代和明初的太仓，“粮艘海船、蛮商夷贾辐辏而云集，当时谓之六国码头（见图 6–4）。”郑和七次下西洋，多由浏河出海，浏河替代了吴淞江成为太湖地区的出海口。

图6-1 《石佛泛江图》

图6-2 三江口风貌（上）

图6-3 青龙港码头相送场景（下）

图6-4 “六国码头”浏家港

“上海港”海上贸易的再度兴起，则依靠黄浦江水系的形成，吴淞成为黄浦江的支流。江、浦移位是上海港再度发展的决定性因素。明永乐元年（1403 年），时苏松大水，夏原吉受命赴太湖地区治理。遍历偏僻，亲自踏勘，博采众议，最终确定“以浦代淞、江浦合流”的方案，开黄浦江以代替吴淞江成为出海大浦。到明中叶，黄浦江逐渐取代吴淞江成为太湖下游重要的泄水通道，并最终演变成为上海的母亲河。自黄浦江水系形成后，从黄浦江“十六铺”出长江口迤北，为最繁忙的北洋航线，出长江口迤南，为重要的南洋航线。至清代，《嘉庆上海县志》记载：“闽、广、辽、沈之货，鳞萃羽集，远及西洋暹罗之舟，岁亦间至，地大物博，号称烦剧，诚江海之通津，东南之都会也。”图 6-5 描绘了上海开埠之前董家渡码头船来船往的繁忙景象。

1840 年鸦片战争后，英国迫使清政府签定《南京条约》，上海港于 1843 年 11 月 17 日被迫对外开放。之后，一批批外国冒险家蜂拥而至，上海从此被称为“冒险家的乐园”。外滩码头成为重要的国内外物资进出口的重要枢纽（图 6-6）。

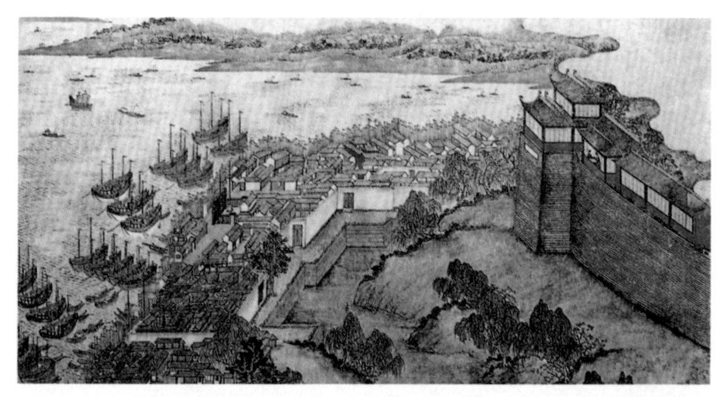

图6-5 上海开埠前的董家渡码头

图6-6 1893年的外滩码头，输往西欧的棉花正在装船

1949 年 5 月上海解放，上海港的历史从此揭开了新的一页，被帝国主义及资本家、买办控制的上海港终于回到了人民的手中。上海在黄浦江内新建了张华浜、军工路、共青、朱家门、龙吴五个港区，在长江口南岸建了宝山、罗泾和外高桥港区（图 6-7）。随着上海及整个长三角的经济快速发展，上海港吞吐能力不断扩大，但长江口地区长期缺乏天然深水港址一直阻碍着上海打造国际航运中心的步伐。经过多年探索，跳出长江口，在距上海南汇芦潮港约 30 千米的大小洋山岛建“洋山深水港”的设想应运而生（图 6-8）。洋山开港后，上海结束了没有深水泊位的历史（图 6-9），从此走向新的辉煌。

图6-7 外高桥港区

图6-8 洋山深水港区

图6-9 长江口港口变迁图

图6-10 沙船

图6-11 大沙船可张五桅帆，行船迅速

6.2 长江口造船史

一部长江口港口变迁史就是一部长江口航运的发展史，而承载着航运发展史的是古往今来行驶或停泊在长江口的一艘艘航船。

谈到长江口的造船史就不得不说说中国四大古船的“沙船”。“沙船”之得名，一说是因其适于在水浅且沙滩多的航道上航行，另一说则如清乾隆期间《崇明县志》所载：“沙船以出崇明沙而得名”。唐武德年间，崇明岛开始涌出江面。以后江中沙洲涨坍不定，长江口和北洋航线沿途多浅滩暗沙，不利于船只航行，平底沙船便应运而生。沙船船身宽、大、扁、浅、底平、方头、方艄，重心低。船只上的建筑较少，受风阻力较小。船用多桅多帆，风帆高扬，航行快捷。两舷的披水板克服了因船底平吃水浅而逆风航行时的横飘。故沙船航行平稳，适宜在长江口及沿海行驶（图6-10，6-11）。

到了明朝，造船技术和工艺又有了很大的进步，登上我国古代造船史顶峰的，无疑是明永乐时期郑和下西洋所乘的宝船。据《明史》记载：宝船尺度最大者，长四十四丈四尺，阔一十八丈；中者，长三十七丈，阔一十五丈。另据有关资料称，大型宝船设九桅、张十二帆，其“蓬、帆、锚、舵，非二三百人莫能举动”。虽然郑和所乘的宝船现在已经无从查缉，但是从六作塘发掘的宝船厂遗址的规模可以想见当时宝船的尺度大小（图6-12）。600多年前，郑和统率由上百艘大船组成的举世无双的庞大船队就是从长江口边上的太仓刘家港扬帆出海的，从而拉开了世界“大航海时代”的序幕。

图6-12 宝船厂遗址——六作塘发掘完成后全景

但是郑和下西洋所带来的让中国人睁开眼看世界的势头，却因种种原因戛然而止。昔日乘风破浪的宝船再也没有出过海港。当欧洲进入到大航海时代，殖民扩张和资本主义高速发展的时候，古老的中国在闭关锁国的国策下沉醉于其“天朝大国”的美梦之中。这一睡就是400多年，直到西方殖民者用坚船利炮轰开了中国的门户——长江口，迫使清政府签订了一系列不平等条约，终于使得清王朝开始寻找“自强救国”的道路。一些有识之士著书立说，积极呼吁学习西方先进科学技术、造船制炮，建立本国的造船工业。于是在长江口的上海黄浦江边就有了日后被誉为“中国第一厂”的江南制造局（图6-13，6-14），即江南造船厂（图6-15）的前身。一个半世纪以来，“江南”建造船只逾千艘，创造中国工业史上逾百个“第一”。如今的“江南”已离开相伴143年的黄浦江，迁址长兴岛，走向长江口，续写“江南长兴”的宏大篇章（图6-16）。

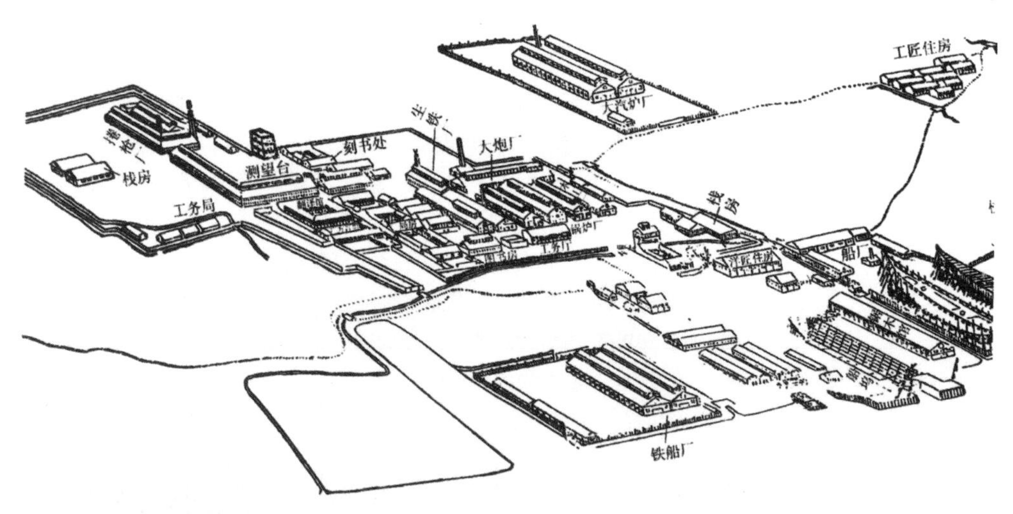

图6-13 江南制造局建制图（清）

图6-14 民国时期（1933年）制造局作业区场景

图6-15 位于黄浦江畔的江南造船厂船坞

图6-16 “江南长兴”造船基地船坞

让我们记住江南造船厂建造的具有划时代意义的代表舰船吧！

“惠吉号”——1868 年 9 月，江南制造局建成的我国第一艘木壳明轮机器动力兵船，称得上是我国近代造船史上的一个里程碑（图 6-17）。

“民铎号”——首次采用全电焊、分段建造新工艺的客货轮。开创了我国“由铆钉造船走向焊接造船的历史性转变”（图 6-18）。

“东风号”——新中国成立以来第一艘自行设计建造的万吨级远洋货船。东风号的建成是全中国大协作的产物，同时也标志我国造船工业进入了一个新阶段（图 6-19）。

“远望一号”——我国第一代综合性航天远洋测量船。它与其后建造的“远望”系列被誉为“海上科学城”（图 6-20）。

“柳河号”——65000 吨的柳河号油轮是当时我国建造吨位最大的船舶。该船绝大部分动力设备及船体材料都是国产的（图 6-21）。

“天宝河号”——天宝河号集装箱船是上海江南长兴重工有限责任公司建造的首艘船，它的建成标志着“百年江南”走出黄浦江、进军长兴岛，从此迈向新的辉煌（图 6-22）。

图6-17 “惠吉号”兵轮模型

图6-18 “民铎号”

图6-19 “东风号”

图6-20 “远望三号”

图6-21 “柳河号”

图6-22 “天宝河号”

第七章

长江口——吸收文化的窗口

7.1 宝山缘起
7.2 历史沧桑
7.3 自主开埠
7.4 百年工业
7.5 百年教育
7.6 百年科技

7.1 宝山缘起

告别河口科研与科技应用厅后，穿过象征河口之阙的空中走道，来到位于科技馆左侧二楼的人文与历史厅。这里描绘的是一首关于长江口历史文脉的史诗，而宝山则是这首史诗最精彩的华章。诗歌中有大江东去的雄浑，有金戈铁马的厮杀，有抗击风暴狂浪的呐喊，也有江南丝竹的悠扬和小桥流水的怡然，更有市井商铺的喧嚣、机器马达的轰鸣。

展厅的进口处是一幅巨大的上海开埠初期的宝山城外景展示墙（图 7-1）。宝山之于长江口，其县志给出了完美的诠释："宝山据长江大海之冲，扼黄浦吴淞之户。凡出入上海者，必经宝山吴淞口，凡出入长江者，必沿宝山捍海塘……故邑治虽以宝山得名，而全邑形胜所关不在山，而在陆，不在陆，而又在海……"

千百万年来，长江携带着大量的泥沙，奔流入海，就在这河口地区江面骤然开阔，水势放缓，渐渐地今日的罗泾、罗店、刘行、大场、月浦、江湾等地犹如巨鲸的脊背，次第露出水面。到公元1600 年前的东晋，这些"鲸背"与"古冈身"[1]连成一片，到了宋代中期就有了这集"黄金海岸"和"黄金水道"于一体的"宝山"。

图7-1 开埠初期的宝山城外

[1]"古冈身"是上海地区仅存的古海岸遗址，为一条宽约45米、厚0.1—2米以上长度不明的南北向介壳沙带。

“濒海之墟，当江流之会，外即沧溟，浩渺无际，凡海船往来，最为要冲。”海船每入长江口，辄有风浪之险，为海上航行的安全，明永乐十年（1412），明朝政府在刘家港东南涨沙上沿江修筑土山，称为“宝山”，“宝山”之上建“昼则举烟、夜则明火”的“烽堠”（图 7-2）。从此长江口一望千里，海阔天空，航行称便。永乐皇帝亲自撰文立碑，于是中国海运史上第一座官建航标就此诞生，宝山之名也因此而得（图 7-3）。

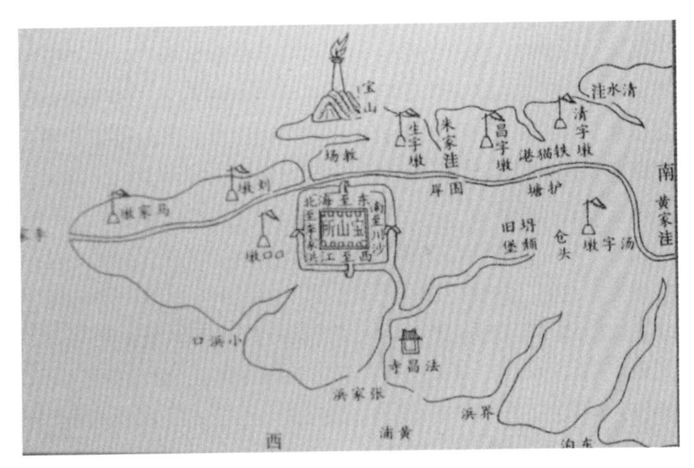

图7-2 宝山烽堠

图7-3 明永乐御制宝山碑

7.2 历史沧桑

山因水灵，水因山魅。宝山的先民逐水而居，傍水而栖，在岸边栉风沐雨，围圩垦殖。白天一叶扁舟，一支木桨，在这江海交汇之间收获着希望。夕阳西下，归帆点点，渔歌唱晚，宁静的小渔村里炊烟袅袅。不过，历史的车轮注定要在这襟江带海的咽喉要地留下深深的车辙。东晋吴郡太守袁山松就在吴淞江入海处修筑沪渎垒。唐初，大场、江湾先后成为古吴淞江出海口，商贾络绎，经济繁荣。五代时期，吴越王钱镠在现宝山区境西南开浚钱溪，“以收渔盐之利”，造福后世至今。经历了“起于宋元，盛于明清”的城镇聚落发展，多依傍舟楫之利，商贾辏集，西南部更有大片盐场，得名“大场”。元代发达的棉纺织、印染业造就了富庶的“金罗店”，明代中叶，罗店、黄姚等成为贸易重镇。清雍正二年，随着宝山建县，依托吴淞口水运便捷，宝山地区经济进一步发展。史志记载：“闽、粤、浙、齐、辽及海外船舶，虑浏河淤滞，辄由吴淞口入……舳舫尾衔，帆樯如栉。”沿海和海外运来的水产品，集散于吴淞渔市，帆樯林立，渔民纷至沓来，鱼行人声鼎沸。与渔民生产、生活相关的手工业、工商业应运而生，宝山俨然成为工商大镇（图 7-4）。历史上在今上海北郊号称“金罗店”、“银南翔”、“铜江湾”、“铁大场”的四大名镇，其中三个即在宝山境内。

然而在得益于江河交汇、交通便利的同时，旧时的宝山因地处滨海，土性沙瘠，每遇飓风，潮浪惊骇，土田漂没，百姓流离转徙，居无定所。史志记载：“海大溢，平地水高丈余，城内官署皆倾，溺死无数。”海潮一次又一次凶恶地扑上岸来，冲毁良田，推倒房舍，夺走生命。历史上，宝山的海岸线曾发生过多次变化，其治所也多次变迁，曾经名噪一时的“黄姚港”、“顾泾港”已从地图上永远地消失了。但是严峻的生存环境反而锻炼了宝山先民搏风击浪的顽强精神和勇于克服危难的坚韧性格。官民合修的宝山“胡公塘”正是这种精神的体现，历经风雨沧桑，惊涛骇浪，巍然不动（图 7-5）。

图7-4 19世纪末的宝山街市

图7-5 胡公塘遗址

7.3 自主开埠

以 1898 年为开端的两次自主开埠，使宝山成为中国主动吸收外来先进文化的窗口之一。鸦片战争之后，以英国为首的帝国主义用“坚船利炮”轰开了沉睡的中华帝国的大门，上海成为“五口通商”口岸之一。英、美、法等国多次要求清政府准许其商人在吴淞设栈起货，并把吴淞辟为租界。时任南洋大臣的刘坤一（图 7-6）上书朝廷，请求把吴淞自动辟为商埠，并明确提出，吴淞自行开埠以别于租界，既维护本国利益，又便于货物运输。1898 年的 9 月 26 日，吴淞升起了自开商埠的旗帜。第一次自主开埠，使宝山在列强环顾中探索着自强而不排外、进步而能包容的发展之路。

20 世纪 20 年代初，怀着富国强民强烈愿望的志士仁人再次酝酿在吴淞开埠。于是，宝山第二次自主开埠。时任督办的张謇（图 7-7）明确指出，“时局有警，国民有责”，“自欧战停战，世界商战将在中国”，其《吴淞开埠计划概略》高屋建瓴，对吴淞的整体布局以及市政建设、河道疏浚、铁路建设等作了一揽子科学规划，为中国城市的现代化建设提供了一个科学范本。图 7-8 是当时吴淞开埠地区示意图。

两次自主开埠充分体现了宝山自强不息、敢为天下先的气魄。一大批代表着上海近代工业和民族实业兴起的工厂在宝山落户，十数所后来影响了中国一个多世纪发展的著名高校在宝山创建。实业兴国、教育兴国、科技兴国诠释出宝山成为中国吸收世界先进文化重要的特殊历史窗口地位。

图7-6 刘坤一

图7-7 张謇

7-8 吴淞开埠地区示意图

1. 此图以1921年《宝山海塘图说》为基础，参照有关地图制作。
2. 吴淞第一次开埠于1898年（清光绪二十四年），第二次开埠1920年（民国九年），两次开埠重点地区都标在此示意图范围内。
3. ······ 图示，为开埠工程局所建道路。

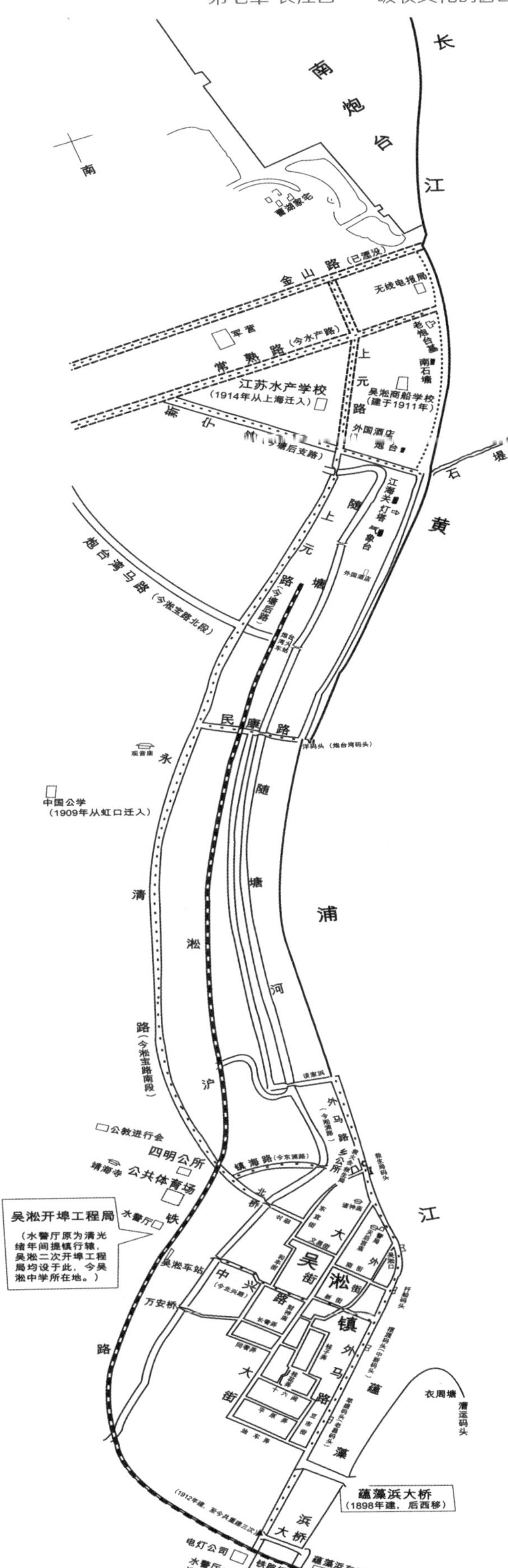

7.4 百年工业

伴随着两次自主开埠，宝山成为中国近代工业发祥地之一，引领中国百年工业文明之风骚。在黄浦江蕰藻浜岸边，建起了吴淞机厂（图 7-9，7-10）、华丰纱厂、中国铁工厂、宝明电厂、中国工业煤气公司、永安第二棉纺厂……中国民族工业开始了艰难的起步。这片热土诞生了中国第一家工业炼气厂、中国第一家机车厂，它还是中国工程船舶的摇篮。宁静的田野上，响起了机器的喧闹声。许多世代躬耕于土地的农民，走进工厂，成为产业工人。工人队伍在宝山大地上的形成、积聚、壮大，使其成为中国工人运动的发源地之一。

图7-9 吴淞机厂外景

图7-10 吴淞机厂内景

7.5 百年教育

图7-11 袁希涛

·基础教育

宝山自古以来文风鼎盛，世代翰墨飘香。早在元朝，书画大家赵孟頫就曾为大场“东阳义塾”题字制匾；明代，在罗店、月浦、吴淞、大场、江湾等地已有书院和学堂。清道光年间，罗店有规模甚大的罗阳书院。仅罗店一地，明清时就出了七位进士。随着西学东渐，清光绪二十七年（1901年）知名教育家袁希涛（图7-11）等在县城设立宝山县学堂（图7-12）。清光绪二十八年（公元1902年）吴淞圣公会圣雅各堂办学塾，按西洋学制设班。

·乡村教育实验地

除了传统的县学之外，宝山也是平民教育的实验地。人民教育家陶行知创办的“山海工学团”，以培养社会所急需的人才为己任，其“小先生制”提出了学生是教育主体的先进教育理念（图7-13，7-14）。除此之外，陈鹤琴创办的“中国第一个农村托儿所”，宋庆龄领导的“中国福利基金会”，赵朴初主持的“少年村”，不仅推动了宝山地区平民教育事业的蓬勃发展，还波及到全国许多地方。

图7-12 宝山县学堂

图7-13 陶行知在“小先生”动员会上

图7-14 “小先生”在上课

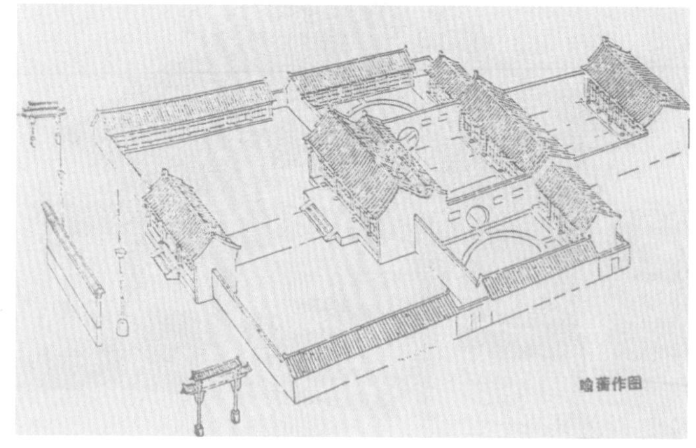

图7-15 复旦公学吴淞时期校舍复原图

图7-16 马相伯

·高等教育

不过宝山最值得称道的是在此崛起了足以名垂中国教育史册的高等教育高地。近代的宝山是上海乃至中国的教育近代化历史进程的“领跑者”，成为中国输入西式教育的窗口和集散地。复旦大学前身复旦公学于光绪三十一年（1905 年）在吴淞提督行辕旧址诞生；同济大学前身同济医工专门学校于民国六年（1917 年）部分搬迁至炮台湾；上海海事大学和大连海事大学的前身清邮传部高等实业学堂在吴淞炮台湾兴建校舍；上海水产大学前身江苏省立水产学校于民国二年（1913 年）在炮台湾创建；另外中国公学、国立政治大学、吴淞海军学校等多所高校均设在宝山地区。值得一提的是当时宝山地区囊括了几乎所有与河口相关的水产、航运、渔业、海军等高等院校，为河口的开发、利用与保护奠定了扎实的科学基础。宝山地区名副其实是上海最早的大学城。

【复旦公学】

复旦公学（图7-15）创立于清光绪三十一年（1905 年），取《尚书》“日月光华、旦复旦兮”中“复旦”二字，意在自强不息、振兴中华之意。早在清光绪二十八年（1902 年），马相伯（图7-16）捐资创办震旦书院于徐家汇天文台内，后法国传教士强占震旦学院，为此马相伯、严复、于右任、邵力子等爱国师生愤然退出书院，在吴淞找到业已废弃的清廷提督衙门行辕为校址，在清光绪三十一年（1905 年）中秋节（9 月 13 日）成立复旦公学。著名政治家邵力子、于右任，教育家陈寅恪、竺可桢等均在吴淞的复旦公学当过学生，这里可称为“大师的摇篮”。

当年复旦公学的创始人马相伯在作校训时说：“唯有先进的教育，方能实现民族中兴。吴淞乃国门，吾辈要以先进之科技和人文精神，为中华国门筑一座坚不可摧之堡垒！”一位当代大学生这样评价复旦的创始人：“104 年前，马相伯先生把复旦大学选址在远离市区的吴淞口，大概就是希望我们复旦学生身靠中华厚土，眼望太平洋。”

【中国公学】

中国公学（图 7–17）创办于清光绪三十一年（1905 年），这一年，日本政府取缔中国留学生。留学生对此辱国行为不满，退学回国，群聚上海，自谋创建学校。因归国学生遍及中国 13 个省，故取名中国公学。翌年春开学。清廷两江总督奏请朝廷批准，月拨银一千两作经费，又拨吴淞炮台湾公地百余亩。清光绪三十三年（1907 年）新校舍竣工。梁实秋、罗隆基、朱自清（图 7–18）、沈从文（图 7–19）等学者名人均在这所有名的综合性大学任教。胡适（图 7–20）也曾在这里任校长。沈从文在其自传中曾写道："中国公学是第一个用普通话教授的学校。"

图7–17 中国公学

图7–18 朱自清

图7–19 沈从文

图7–20 胡适

图7-21 埃里希·宝隆

【国立同济大学】

清光绪三十三年（1907年），德国医生埃里希·宝隆博士（图7-21）在德中各界支持下于上海创办了德文医学堂，次年改名为同济德文医学堂。1912年增设工科，改名同济医工学堂。1917年，该学堂改由我国自办，更名为同济医工专门学校，其中的工科、机师科和德文科迁至吴淞中国公学旧址。1918年，在当时的教育部次长袁希涛主持下，由教育部拨款，在吴淞购地150亩筹建校舍。1921年校舍竣工后，师生们陆续迁入新校舍。1924年，经南京国民政府教育部批准，学校改名为同济医工大学（图7-22）。1927年，由南京国民政府教育部正式接管，并被命名为国立同济大学。1937年淞沪会战爆发前，国立同济大学已有医、工、理三个学院，学生1101人，校园面积20万平方米，建有大礼堂、工学院大楼、理学院大楼、水利实验室、图书馆、游泳池等，还有工厂七家、学生宿舍四幢、教职员宿舍一幢、住宅十幢，其规模之大，设备之全，在当时中国并不多见。1937年9月1日，在吴淞地区经营近二十年的国立同济大学校舍被日军炸为平地。国立同济大学被迫迁往内地，直至抗日战争胜利后的1946年才迁回上海。

图7-22 同济大学前身——同济医工大学校舍

【吴淞商船专科学校】

吴淞商船专科学校为大连海事大学和上海海事大学的前身，它是中国第一所实施近代高等航海教育、专门培养航海高级技术人才的高等学府。清宣统元年（1909 年）秋邮船部上海高等实业学堂船政科创立，至清宣统三年（1911 年）单独成立学校，名为邮船部高等商船学堂。1912 年 9 月，热心航海教育的一些著名实业家、教育家在吴淞炮台湾江边建校，改名为交通部吴淞商船专科学校。中国近代海军名将萨镇冰（图 7-23）曾担任过吴淞商船专科学校校长，初期学校仅设驾驶科（图 7-24），后增设轮机科（图 7-25）。吴淞商船专科学校创办近 40 年间，造就了一批优秀的航海人才，如中国最早的海轮船长之一郑鼎锡、招商局最早的海轮船长之一马家俊等，素有“中国航海家摇篮”的美誉。

图7-23 萨镇冰

图7-24 驾驶科学生在轮船上实习

图7-25 轮机科学生在工厂实习

【江苏省立水产学校】

图7-26 黄炎培

在与水有缘的当代院校中，涵盖江、河、湖、泽、海、洋等所有水体，形成学科特色和优势的上海海洋大学，前身就是1913年由我国著名民族实业家、教育家张謇，著名教育家黄炎培（图7-26）、蔡元培等鼎力发起创建的江苏省立水产学校（图7-27）。当时借用上海西门江苏教育会和求知学院作临时校舍。1914年1月，学校迁至炮台湾常熟路新校舍。常熟路因此改名水产路。1927年改名国立第四中山大学农学院水产学校，翌年改称中央大学农学院水产学校。后恢复江苏省立水产学校原名。建校一个世纪来，该校培养了大批水产人才，被誉为“中国现代水产教育的摇篮”。

图7-27 江苏省立水产学校

7.6 百年科技

· 中国第一个水文测绘基准——吴淞零点

宝山，这个中国开埠史上第一个自主开埠之地，也为中国早期的科技发展史写上了浓墨重彩的一笔。中国第一条铁路、第一个测绘基准……中国近现代史上许多“第一”诞生于此。

清咸丰十年（1860 年），海关巡工司在黄浦江西岸张华浜建立信号站，设置水尺，观测水位。光绪九年（1883 年）巡工司根据咸丰十年至光绪九年在张华浜信号站测得的最低水位作为水尺零点。后又于光绪二十六年，根据同治十年至光绪二十六年（1871—1900 年）在该站观测的水位资料，制定了比实测最低水位略低的高程作为水尺零点，并正式确定为吴淞零点。吴淞零点成为工程技术史上第一个水文测绘基准。图 7-28 为位于吴淞的自动潮位站。

· 中国第一条铁路——吴淞铁路

“嚆矢”是古代战争中用来发布号令的响箭，发射后先听到声音而箭后至，比喻事物的开端。著名的淞沪铁路就曾被称为“中国铁路之嚆矢”。可见淞沪铁路有中国铁路发端的不朽功劳。1876 年由英商修建的吴淞铁路（图 7-29），成为中国第一条建成营运的铁路，图 7-30 和图 7-31 分别是吴淞铁路上海站及江湾站历史照片。通车十六个月后被清朝官员以二十八万五千两白银买回，之后被拆除。1897 年，吴淞自建淞沪铁路，并与沪宁铁路相连，使淞沪铁路交通得以向国内广大腹地伸展，这是官款支持下修建的江南第一条铁路。

图7-28 吴淞自动潮位站

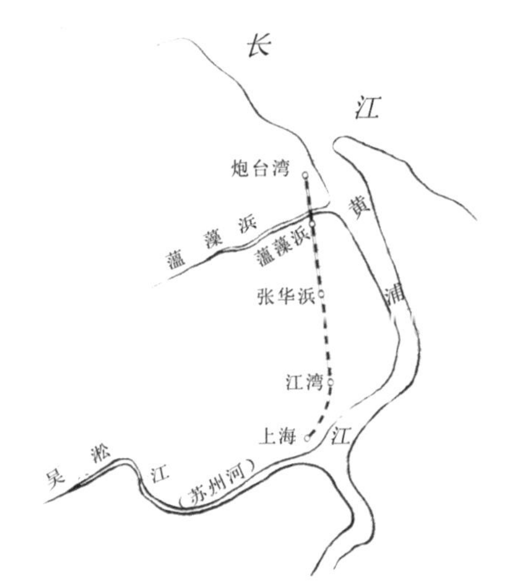

图7-29 吴淞铁路

图7-30 吴淞铁路上海站

图7-31 吴淞铁路江湾站

· 吴淞口导堤与灯塔

江海交汇的吴淞口，水天相连，海鸥翔集，舟楫如流，海船穿梭。吴淞口两条导堤如两条巨龙般护卫着来往的船只。上海对外开埠以后，外国商船吨位不断提高，产生了航道水深与船舶吃水不相适应的矛盾，外国商人普遍关注黄浦江航道的治理。在黄浦江河口西岸的终端与长江南岸接壤处修建石梗。石梗建成后，右侧筑顺堤，形成喇叭口，引导潮汐主流冲刷河口浅滩，增大进潮量，吴淞外沙日见刷深（图 7-32）。

在吴淞口北导堤顶端，一座一百多年前建造的灯塔，高耸于水天之际，成为上海乃至长江流域与五大洲经济交往的江海航标。在星月皎洁之际，吴淞口灯塔摩尔斯信号闪烁着，为夜航的巨轮导航，指明了一条避开险滩、通向希望和光明的前途，成为船舶入吴淞口的保护神。国家邮政局发行的《现代灯塔》特种邮票，吴淞口灯塔即名列其一（图 7-33）。

六百多年前的明永乐年间，长江口边竖立了中国历史上第一座具有航海灯塔标志意义的“宝山烽堠”。郑和下西洋时，经吴淞口出海，“宝山烽堠”就是当时的“江海航标”。沧海桑田，历史上的“宝山烽堠”在海潮的冲刷下早已坍塌，不见踪影，只有永乐皇帝的“宝山御制碑”诉说着过往的历史。

随着第一次鸦片战争的爆发，上海成为五口通商口岸之一，于是在清同治十年（1871 年）在吴淞口设置灯塔。自此无论岁月蹉跎流逝，无论季节更换，无论暴风骤雨、阴霾迷雾，吴淞口灯塔（图 7-34）总是以执着的灯影，洋溢着生命活力，给天涯孤旅者以希望，给生命航船以方向。

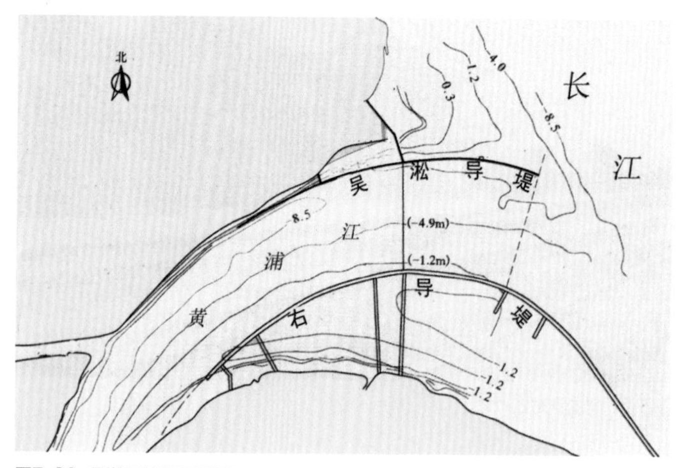

图7-32 吴淞口导堤平面图

图7-33 国家邮政局发行了《现代灯塔》特种邮票
由左至右依次是大沽灯塔、桂山岛灯塔、吴淞口灯塔和木栏头灯塔

图7-34 吴淞导堤与吴淞口灯塔

第八章

长江口——抵抗侵略的门户

8.1 炮台湾怀古
8.2 吴淞口抗英
8.3 军事变革
8.4 “一·二八”淞沪抗战
8.5 “八一三”淞沪抗战

8.1 炮台湾怀古

凭海临风，站在上海北部沿江唯一的一座小山“炮台山”上，北揽长江口，东临吴淞口，海风浩荡，思绪飘渺……“重洋门户、七省锁钥”、“水陆要冲、苏淞喉吭”、“上海门户、东南险要”，无不刻画出这里作为抵抗外来侵略的门户地位。

宋建炎三年（1129 年），金兵大举南侵，宋韩世忠屯兵江湾、大场一带，沿钱溪驰马巡察，将一条钱溪踏成了走马塘。明洪武十九年（1386 年）明朝为了抵御倭寇海患，在吴淞口西近海 1.5 千米处设有吴淞江守御千户所。所城驻有陆、游、奇三把总，号称“一城之中，三总鼎峙”。清代以来长江口沿岸及崇明岛一直被视为屏藩江南的江海门户，是必守的第一线海防重镇(图 8-1)。清末鉴于长江口防御形势的重要性先后建有吴淞东、西、南、北、狮子林五座炮台，总称吴淞炮台。图 8-2 为吴淞形势图。

近代以来，列强一次次妄图敲开这道长江门户，觊觎中国。吴淞炮台见证了民族英雄陈化成率部打击英国侵略者；见证了“一·二八”淞沪抗战中十九路军奋勇抵抗日军侵沪；见证了“八一三”淞沪会战中国军民对日寇的殊死搏斗。民族英烈以自己的生命和热血谱写了抗击外侮的史诗。

图8-1 清代江苏江防海防图局部(瓜洲至南汇)

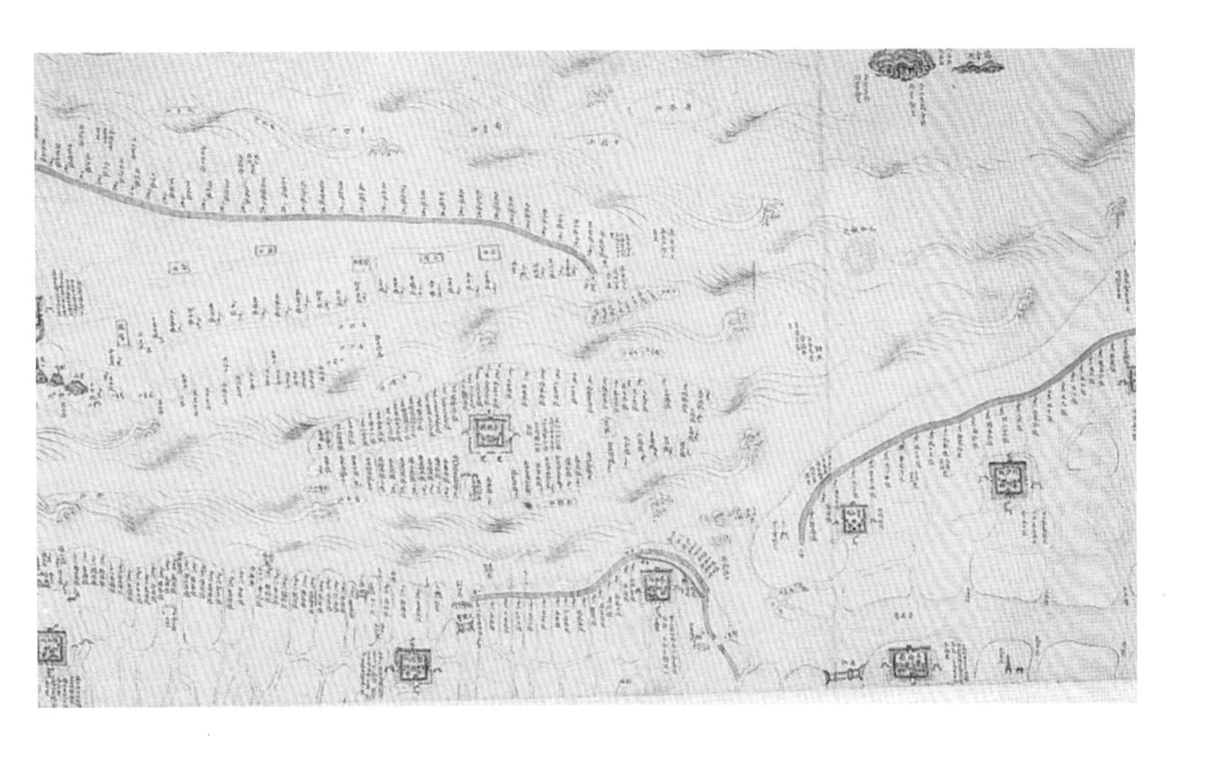

图8-2 《点石斋画报》上的《吴淞形势》

基隆開戰以來邊防益加嚴密
前月二十二日專派友人赴吳淞口周
覽形勢見臨口高築砲台架有開花
後膛克虜伯各炮計有五種遠近均能
施放命中其左堅築土城直接寶山縣
城復有燈炮架起防兵輪守其泊淞口者
有小兵輪二艘活砲台一座左首長江口岸
泊有南琛南瑞康威策電開濟澄慶
登瀛洲靖遠測海等鐵甲九艘小兵輪一
艘其活砲台與鐵甲船以及岸上砲台分守
如品字式互為犄角而法之兵輪兩艘與其
公司船一艘駐泊海面是日我鐵甲船之名
開濟者管駕官為徐君芳我傳從友人登舟
往謁君我接入則見槍炮器具堅整鮮明
君我亦深諳管帶布置井井與泰西無異
時將薄暮餘船不及徧登乃辭別言旋
內地未知虛實據載深夕敢得淞口的確
情形繪成圖幅以供衆覽俾知我
國家武備之隆卓越前代而
中興以還益見力圖自
強之不遺餘力已
新築土城
靖遠
登瀛洲
長江口
南琛
南瑞
策電
開濟
澄慶
華小蚊子船
大海
崇明城

8.2 吴淞口抗英

1840年6月鸦片战争爆发后，清政府为了加强江南的防务，特派陈化成（图8-3）任江南提督。陈化成到任，即亲率兵士赶赴吴淞口视察，加紧部署吴淞防务。陈化成在吴淞口至上海城之间修筑了三道坚固的防御工事，每道工事都配备了雄厚的兵力和五百门以上大炮。他又择吴淞东西炮台要害处，沿海塘筑了26个土堡。英国侵略者攻陷定海，窜到长江口，见吴淞戒备森严，不敢贸然进攻，乃北犯天津。在津得到投降派代表琦善的种种许诺，返回广东。由于英国侵略者不满所获利益，1841年8月再次北上攻陷厦门，9月再次攻陷定海及镇海、宁波。

图8-3 陈化成

1842年6月16日，鸦片战争中的吴淞战役爆发，这是宝山历史上最悲壮的一天（图8-4）。英舰鬼影憧憧从海上逼近。炮声隆隆，火光冲天，敌强我弱。英军以军舰7艘、轮船5艘及陆军两团，分攻东、西土塘及江面清军船只。七旬老英雄陈化成威武不屈，指挥吴淞西炮台守军向英舰开炮，击沉、击伤英舰4艘。在西炮台遭英军水陆夹击，守军相继溃退之时，仍率数十亲兵坚守阵地，最后被炮弹击中，英勇捐躯。吴淞要塞也随之失守，宝山陷落。6月19日，英军占领上海城并沿长江内犯，占领南京。坚持了两年的第一次鸦片战争终因长江口门户被突破而宣告失败，这一年8月清政府被迫签订中国近代史上第一个不平等条约——《南京条约》。第一次鸦片战争虽然以失败而告终，但是这场战争也促使中国的一些有识之士“开眼看世界”，学习西方。“师夷之长技以制夷”的洋务运动由此开始，其中最著名的就是发生在长江口的早期的“军事变革”。

图8-4 1842年6月英军进犯吴淞口（石板画）

8.3 军事变革

图8-5 张之洞

经历了两次鸦片战争及中日甲午战争，战败的教训终于迫使清政府认识到“必全按西法，庶足以御外侮”。一些有识之士纷纷提出编练新式陆军的要求。两江总督张之洞（图 8-5）发出亟练陆军的呼吁，他“愤兵事之不振由铜习之太深”，认为“非认真仿照西法急练劲旅不足以为御侮之资”，提出“拟在江南练陆军万人，而以洋将管带操练”的在江南编练自强军的计划。1895 年 12 月 2 日张之洞向清廷递上了《选募新军创练洋操折》，将自强军开办情形专案具奏，不久得到上谕批准，自强军由是诞生。

自强军初期在江宁成军，1896 年 2 月，张之洞调湖广总督，刘坤一回到两江总督任上，自强军开始由刘坤一接办。由于英、美、法、日等列强对吴淞虎视眈眈。两江总督刘坤一受命于危难之时，由他督率全军移驻吴淞。自强军驻扎吴淞后进入了其全盛时期。自强军安顿以后，开始了正规的军事操练。军队建设上不仅仅是停留在武器装备的改进上，更重要的是效法西方、提高军队素质。江苏巡抚赵舒翘在视察自强军时，对其“行军阵法”发出了“江南诸军无如自强军”的感叹。国内舆论更对自强军“士躯之精壮，戎衣之整洁，枪械之新炼，手足之灵捷，步伐之敏肃，纪律之严谨”而赞叹不已（图 8-6，8-7）。

图8-6 清政府编练新式军队，在吴淞狮子岭配备八百磅后膛钢炮

图8-7 清政府编练新式军队后，配置在吴淞狮子岭炮台的新军官兵

8.4 “一·二八”淞沪抗战

1932年“一·二八”淞沪抗战，又称第一次淞沪抗战（图8-8至8-10）。1931年日本制造了“九一八”事变，随后侵占了中国东北。为了转移国际对中国东北的视线，减轻其推出“伪满洲国”的压力，迫使中国政府承认东北的既成事实，为其进攻中国内地做准备，日军在上海制造事端，燃起了新的侵略战火。

驻守于淞沪地区的十九路军，在全国人民抗日热潮的推动和影响下，在军长蔡廷锴（图8-11）、总指挥蒋光鼐的带领下，奋起抗战。战火一直从闸北延伸到江湾、庙行、吴淞一线。张治中将军率第五军驰援，在吴淞地区并肩作战，密切配合，重创日军进攻，迫使日军由全线进攻转为重点进攻，再由重点进攻被迫中止进攻。

虽然最终在英、美、法、意等国调停下，中日双方经谈判签订了丧权辱国的《淞沪停战协定》，但“一·二八”淞沪抗战依然为中国最终取得抗战胜利建立了自信。宋庆龄指出：“人皆以中国此次战争为失败，实则中国在精神上完全胜利，日本所得者仅物质之胜利而已。得精神胜利之人民，必日益奋进于伟大光荣之域，得物质胜利者，只日增其侵略与帝国主义之野心，终于自取覆亡而已。”

图8-8 “一·二八”期间，空中所见千疮百孔的吴淞镇

图8-9 “一·二八”期间，毁在日军炮火下的江湾劳动大学

图8-10 “一·二八”期间，被炸毁的吴淞炮台

图8-11 十九路军军长蔡廷锴将军（左一）在前线指挥作战

8.5“八一三”淞沪会战

1937年“八一三”淞沪会战是中国抗日战争中的第一场重要战役，也是整个抗日战争中进行的规模最大、战斗最惨烈的战役之一，标志了中国全面抗战的开始。日军先后出兵三十余万，由松井石根大将指挥。中国政府派最精锐的部队应战，出动张治中、陈诚、顾祝同、朱绍良、罗卓英、薛岳、胡宗南各部五十余万。

宝山成为会战的重要战场（图8-12至8-15）。突击汇山码头，熊新民营全营壮烈牺牲；死守宝山城，姚子青营六百勇士血战到底；死守陈行，谢鼎新团血战二昼夜杀敌三千，全团壮烈牺牲；争夺罗店镇，雷汉池营、汪化霖团、蔡炳炎旅，整营整团整旅的官兵倒在前沿阵地；吴淞口之战、月浦阻击战、杨行阻击战、刘行阻击战、蕴藻浜之战、大场激战、江湾争夺战……一场场战役见证了宝山军民殊死抵抗外来侵略的英勇气概与民族气节，打破了日本速战速决灭亡中国的狂言。

在临江公园内，上海淞沪抗战纪念馆的警世钟提醒着身处和平时期的我们：牢记历史，并不是要延续仇恨，而是要以史为鉴，珍爱和平，世代友好，共享太平。

图8-12 “八一三”期间，中弹燃烧的狮子林炮台

图8-13 “八一三”期间，日军调集重兵向宝山县城发起猛攻

图8-14 “八一三”期间，遭战火洗劫后的吴淞镇

图8-15 “八一三”期间上海市商会童子军在前线救助伤员

第九章

长江口畔的新宝山

昔日的宝山是长江口的海上门户，今天的宝山则是中国改革开放的美丽窗口。一条条坦荡如砥的道路，两旁是鲜亮养眼的绿化带，一座座气宇轩昂的立交桥，越江隧道，高速公路，轨道线路，构成四通八达的交通网络，将一个崭新的宝山编织成一幅壮美的图画。见证了大江东去的古往今来，穿越了激情澎湃的世纪之门，我们来到长江河口科技馆描绘宝山未来的“宝山沙盘”上。历史文脉与现代氛围在这里交相辉映，时尚建筑同旖旎水景在这里完美结合，人与自然在这里和谐发展。

9.1 钢铁巨子

共和国诞生之初，刚刚结束战火蹂躏的宝山面对帝国主义的全面封锁，站起来的人民顾不上拂去征尘，就在废墟上开始了社会主义现代化建设。在这片滨江大平原上，桩机擂响了大地的战鼓，吊车舞动巨臂描绘宏伟蓝图。千千万万劳动者在那火红的年代，自力更生，艰苦奋斗，将自己的青春和汗水奉献给了宝山这片热土。

改革开放又使宝山迎来新的发展机遇。1978 年 11 月 7 日，在上海宝山区月浦以东的滩涂上，新中国成立后最大的工程“宝钢”工程破土动工。面对着立项时的种种非议，伟大的总设计师邓小平在 1979 年高瞻远瞩地说：“历史将证明，建设宝钢是正确的。”（图 9-1）

30 年，恍如烟云，当年那个立在滩涂上的钢铁厂，已经由一个“新生儿”经历了新建、扩建、重组、改造等种种历练，成长为中国钢铁业界当之无愧的领袖，并且跻身世界钢铁巨头的行列。日渐强大的背后是深谋远虑，承载着一个国家现代化的梦想。

图9-1 宝钢